新装完全版　超不都合な科学的真実

【闇権力】は世紀の大発見をこうして握り潰す

ケイ・ミズモリ

ヒカルランド

はじめに――闇権力に葬られた「不都合な科学的大発見」の数々

2007年の現時点から振り返ってみると、過去10年間で我々の社会生活は大きく変わった。インターネットの普及により、自宅やオフィスに居ながらにして、世界各地の情報を手軽に即座に入手できる状況が到来したからだ。

かつては、書籍、雑誌、新聞などの印刷物を通じた情報収集が主流であった。筆者のジャーナリストとしての取材活動も、主に海外の印刷物に掲載された記事等をきっかけに、編集部へ連絡を取り、取材すべき相手と接触できるよう協力してもらい、その後は直接相手と会ってインタビューしたり、電話を通じてさらなる情報収集と確認作業を行うケースが多かった。

ところが、インターネットの普及により、そのような取材の手順までも変わってきた。筆者が10年以上滞在していたアメリカから4年前に帰国した理由の一つは、相手の連絡先さえわかれば、国際電話でも電子メールでも、ある程度取材が可能となったことにもある。

とはいえ、現地で直接相手の顔を見て声を聞かねばわからない部分もまだまだ多い。インターネット上に氾濫《はんらん》する情報の問題点の一つはここにある。本書に収録した情報の多くは、筆者がアメリカ滞在中（1992～2003年）に、いわば古典的な取材活動を通じて得たものである。

これから紹介する科学的大発見の数々は、これまでの人類史を大きく書き換え、今後の人間社会に革命的な変化をもたらすほど重要なものである。もちろん、地球や人類を健康に導く術《すべ》を示した驚愕《きょうがく》の情報である。それにもかかわらず、今まで日本ではほとんど紹介されてこなかった。

現地での地道な取材活動が要求された面もあるが、それらが産業界や政界にとっては、あまりにも不都合な発見だったために、一般の人々の関心を逸《そ》らすべく、様々な手段が講じられてきた背景も推測される。

本書においては、後半に筆者が個人的な考察を含めた箇所もいくらかあるが、基本的にジャーナリストとしてできるかぎり私見を控え、事実関係を伝えることに努めた。そして、文面から事実と憶測部分の違いがわかるよう、配慮した。

ただ、ジャーナリストの宿命でもあるのだが、幅広い分野に目を向ける視点が求められることから、専門家ほど一つの分野を深く追求できない限界もある。特に、海外の文献を参考にした医学関連情報（第一章〜第三章）においては、細部で専門用語を適切に翻訳・紹介できたものか気になる箇所も含まれる点、ご容赦いただき、大局的な見地で受け止めていただけたら幸いである。

本書を通じて、人類史において、いかに多くの重要な「不都合な科学的大発見」が握り潰されてきたのかを読者の皆様に紹介するが、近年、状況は少しずつ変化を見せてきている。これまで陽の目を見なかった情報がようやく表に現れ出るようになってきたのだ。本書は、そのような変化の産物の一つとも言えるかもしれない。

本書で示した情報が、読者の皆様に明るい未来の光を灯す一助となれば、筆者としてこれ以上の幸せはない。

本書出版にあたり、編集者の石井健資氏、溝口立太氏他、徳間書店の方々には大変お世話になった。また、多くの方々が直接・間接的に筆者に知恵を与えてくださった。本書出版に関わったすべての皆様に対し、ここで深くお礼申し上げたい。どうもありがとうございました。

ケイ・ミズモリ

新装完全版に寄せて

本書が出版されたのは10年前に遡るが、本書で取り上げられた情報の多くは、そのさらに10年ほど前から筆者が書き溜めてきた原稿に基づいている。つまり、筆者の20年前の世界観と関心事に基づいて記されているのが本書である。

当時と今とでは、もはや世界は大きく異なっている。10年前に「はじめに」で触れたように、例えば、インターネットの普及はまだ一部の人々に限られており、必ずしも情報収集に役立つものではなかった。情報発信力は弱く、むしろ、コミュニケーション・ツールとして、電話や電子メールを超えて、見知らぬ人とパソコン画面上でリアルタイムに交流可能なチャット技術などの誕生に驚いていた時代である。パソコンは便利であったものの、フリーズのような不具合に加え、画像・音声・動画などの処理に長時間待たされ、高価な割に不便な面もたくさんあった。インターネットというソフトだけでなく、ハードの側も貧弱だったのだ。

そんな時代、インターネットは最新情報の宝庫にはなりえなかった。アメリカに滞在していた当時、筆者は地元の書店で雑誌を読むだけでなく、掲示板に張り出された案内を見て、近隣で行われる講演やイベントを知り、参加した会場で講演者ばかりか、参加者らから生の情報を得ていた。そんな会場で出会う人々は個性的で先進的な情報を持っていた。そして、ジャーナリストはその一部を遅ればせながら新聞や雑誌等のメディアで伝えていた。最新情報がすぐにインターネット上で公表される現在と異なり、メディアの情報は常に後から追いかけてきていたのだ。

本書は、そんな時代に書き進められ、筆者からすると、一部の情報は古くなっていた。にもかかわらず、本書は読者に恵まれ、ロングセラーとなった。読者や編集者によると、時の流れを経ても、なおも新鮮さが失われていないようなのだ。筆者として、これは嬉しいことではあるが、他方で、本書で暴いた世界や状況がいまだに改善していないことを意味しているのかもしれず、複雑な気持ちである。

何年も前からその重要性はわかっていながら、無視され、馬鹿にされ、信用を貶められ、隠蔽されてきたことがある。意図的な隠蔽工作が存在したケースもあれば、偶然不運が重なって表面化しなかったケースもある。だが、我々がそれらを知らなかったこと自体が負の遺産、そんなことがいくつも存在するのだ。本書はそんな事例のごく一部を紹介したものである。

新装完全版の出版にあたり、筆者はオリジナルの原稿に加筆・修正を行い、新たに序章を書き加え、「質」だけでなく、「量」の面においても本書は生まれ変わることとなった。

筆者がアメリカ滞在中に知りえた「超不都合な科学的真実」。時代背景の違いを思い出しながら、読み進めていただけたら幸いである。

ケイ・ミズモリ

本書は、２００７年11月に刊行された『超不都合な科学的真実』（徳間書店）の内容に加筆・修正を行うとともに、新たに一章（序章）を加えて生まれ変わった新装完全版です。

【闇権力】は世紀の大発見をこうして握り潰す　目次

Part I

隠蔽された不都合な医学的大発見

第一章　ガン、エイズを治癒させる究極のワクチンが握り潰された⁉
――治癒率99％の治療法が医薬品業界に与えた衝撃

Part Ⅱ

改善されない不都合な食文化の超真相

電磁波の影響⁉　停電前後に起こった不可解な現象
電磁波実験の可能性を示す数々のデータが存在する！
自然界には現れない超低周波のデータを観測
関与を疑われたＨＡＡＲＰとは何か
壮大な軍事防衛システムとフリーエネルギーの構想
電力業界と政治家の癒着から生み出される庶民支配
数々のマインド・コントロール兵器使用の痕跡

第六章　誰が電気自動車を殺したのか
——石油業界、政界、自動車業界を結ぶ危険な関係

夢の人気電気自動車がなぜ次々とスクラップにされたのか
政府による異例の訴訟介入と突然の方向転換
電気自動車の人気を恐れた石油業界が政府に働きかけたのか
環境にやさしい車を排除するエネルギー政策
電気自動車の販売抑制にメディアも一枚噛んだ⁉

Part Ⅳ

不都合なコミュニケーション・メカニズムを解明する

第八章　言葉に秘められた魔力「リバース・スピーチ」の謎を追う
――心理分析から人類の意識改革まで進化するか

Part V

自然界から贈られた不都合な未来科学の発見

カバーデザイン　櫻井 浩（⑥Design）
校正　麦秋アートセンター
本文仮名書体　文麗仮名（キャップス）

序章

世界で最も有名な奇跡の古代遺跡
ストーンヘンジの不都合な真実
——世界遺産の歴史的・文化的な評価は崩壊寸前⁉

揺らぐ評価……ストーンヘンジに向けられた疑惑の目

昨今、公的機関による情報公開の重要性が話題に上っている。代替科学や古代文明に関心を抱いてきた筆者にとって、公開のタイミングを逸してしまった例として最近思い当たるのがイギリスのストーンヘンジである。

ストーンヘンジといえば、エジプトの三大ピラミッドに続いて、誰もが最初に思い浮かべる古代遺跡の一つだと思われる。一度は訪れてみたいと考える人々も多いのではなかろうか。

ストーンヘンジはイギリス南部のソールズベリーから北西約13㎞に位置する環状列石（ストーンサークル）で、紀元前2500年から紀元前2000年の間に立てられたと考えられている。馬蹄形に配置された高さ7mほどの巨大な門の形の組石（トリリトン）5組を中心に、直径約100mの円形に高さ4～5mの30個の立石（メンヒル）が配置されている。

世界で最も有名な古代遺跡の一つストーンヘンジ

その建造目的は不明だが、太陽崇拝の祭祀場や古代の天文台などに利用されてきたと推測されている。事実、夏至の日に、高さ6mのヒール・ストーンと呼ばれる玄武岩と、中心にある祭壇石を結ぶ直線上に太陽が昇り、設計した古代人は天文学に関して高い知識を持っていたと考えられている。そんな謎めいたストーンヘンジにロマンを感じる人々はあとを絶たず、年間訪問者数は800万人にも及ぶ。

だが、そんなストーンヘンジの歴史的・文化的な価値と評価の形成に対して、近年、疑惑の目が向けられている。現在のストーンヘンジは、過去に行われてきた大規模な復元作業によって完全に作り直されてしまった近代のモニュメントに過ぎないという声が上がっているのである。中には、初めからストーンヘンジなど存在せず、観光目的の作り物だとすら考える人々も現れているのだ。

いったいどういうことなのか？

ストーンヘンジを囲む土塁と堀の起源は紀元前3100年頃に、松の柱が立てられていたとされる穴の起源は紀元前8000年頃にも遡り、ストーンヘンジは歴史ある遺跡であることは間違いない。だが、こんな歴史的遺産を管理する一部の人々が、不都合な真実を隠してきたことが次第

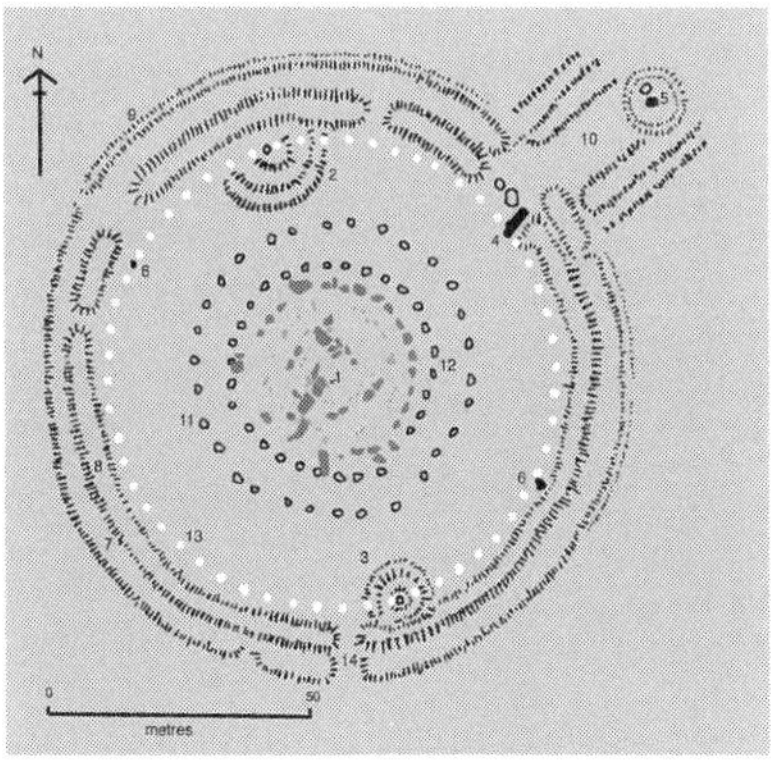

ストーンサークルの遺跡配置図

に明らかとなってきたのである。すなわち、遺跡には繰り返し大規模な復元作業が行われてきたにもかかわらず、その詳細の公表は意図的に差し控えられたのだ。英国政府が設立したストーンヘンジ管理主体のイングリッシュ・ヘリテッジで上級考古学者を務めるデイヴ・バッチェラー氏によると、公式ガイドブックに記されてきた復元の歴史に関しては、1960年代に省かれるようになったという。その背後にどんな意図があったのだろうか？

内情を知る人々の中には、ストーンヘンジのことを「20世紀の遺産業界の産物」と称する考古学者もいる。ケンブリッジ大学の考古学記録の保管人で作家のクリストファー・チッペンデール氏は、ストーンヘンジで我々が目にするもののほとんどが何らかの形で手が加えられていると言う。特に、30㎞ほど離れたエーヴベリーのストーンサークルに関しては、1920年代にほぼすべてが建て直されたという。また、歴史研究家のブライアン・エドワーズ氏は「あまりにも長い間、ストーンヘンジの復元作業に関しては伏せられてきた。それについてほとんどの人が知らないことに驚いている。将来、ガイドブックがすべてのことを伝えるようになればいい」と語っている。

調査発掘によるものではなく「復元」の産物

記録にある最初の調査は1798年、大規模な調査は1900年に行われ、発掘作業は国有化されたあとの1919年から1926まで行われたとされる。だが、一般的に使用されている「調査」や「発掘」という言葉は現実的には不適切で、「復元」が相応しいと思われる。

というのも、19世紀末までは、ストーンヘンジを構成する巨大な組石（トリリトン）や立石（メンヒル）は崩れかかっていたが、1900年からの「調査」や1919年からの「発掘」によって、それらの多くが垂直に立て直されたからである。すなわち、巨石は一度取り除かれ、穴が掘り直され、垂直に立てて戻され、巨石の足下は頑丈なコンクリート基礎で固められたのだ。

当時、そんな復元計画に関して、イギリスの新聞『タイムズ』には反対の声が多数寄せられたという。おそらく、遺跡にどのぐらい手を加えるべきかどうかという点が議論されたのだと思われるが、調査や発掘という言葉の意味を超えて復元作業は強行されることになった。

次ページ上の写真は1901年の最初の復元作業の際に撮影されたものである。大がかりな復元が行われたことが分かるが、記録では、巨石の一つが垂直に起こされ、コンクリートで固定されたことになっている。

エーヴベリーのヘンジと村（写真：Wikityke at English Wikipedia）

その後、1919年、1920年、1958年、1959年、そして1964年にも復元作業が行われた。

次ページ上の写真は1920年の復元の際に撮影されたものである。この時、6つの巨石が起こされ、コンクリートで固定された。1958年にはアルターストーン（祭壇石）の穴が掘られ、トリリトンが再建された（次ページ下の写真）。また、1959年には3つの巨石が、1964年には4つの巨石が起こされ、コンクリートで固定された。

1901年、最初の復元作業の様子

チッペンデール氏によると、1964年までの間にほぼすべての石は動かされ、コンクリートで立てられたという。26ページ上の写真は1877年に撮影されたストーンヘンジであるが、2008年に撮影されたもの（26ページ下の写真）と比較してみると、写真中央のトリリトンが倒れていて、その隣の立石が傾いているのが分かる。見てすぐにわかる変化がそれらの部分であるが、現実には、現在立っている石のほとんどが丈夫なコンクリートの基礎に埋め込まれているのである。

1920年の復元作業

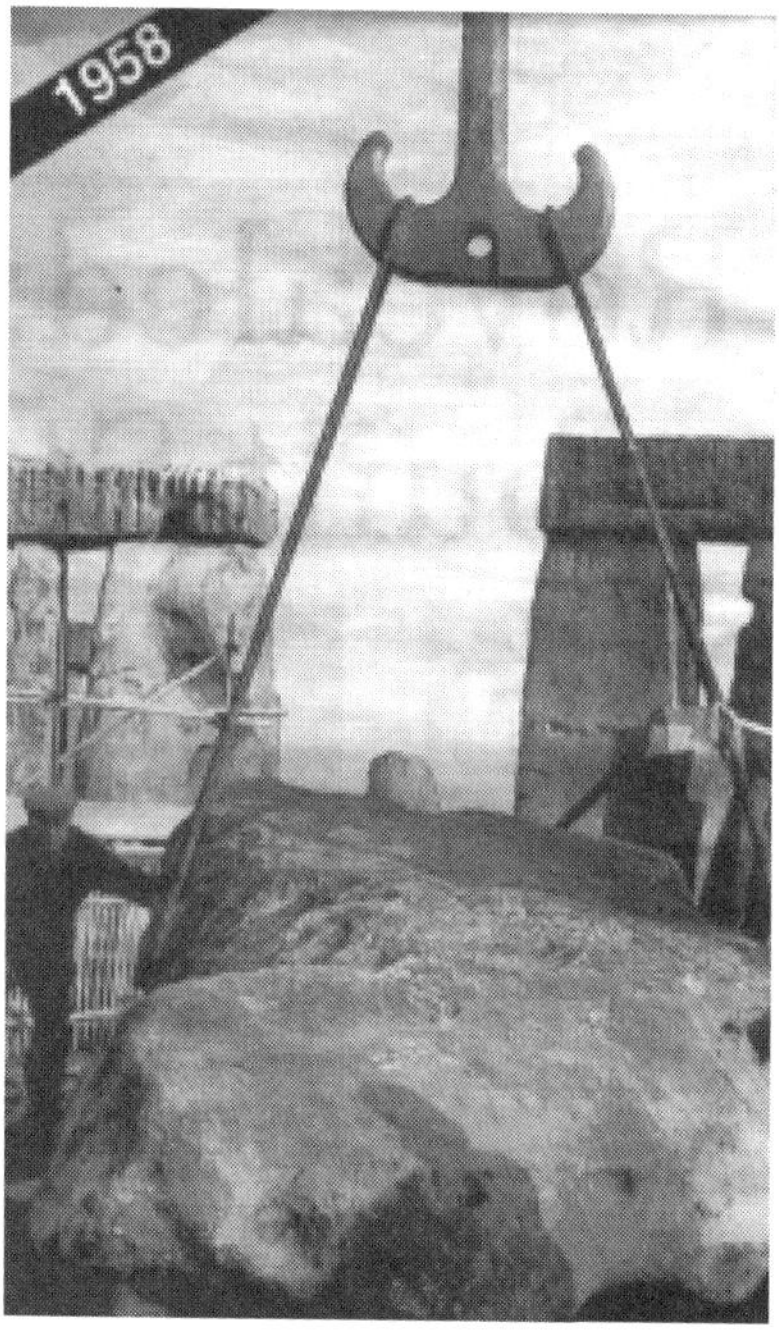

1958年の復元作業

1877年に撮影されたストーンヘンジ

2008年に撮影されたストーンヘンジ

ストーンヘンジはこうして大規模に復元されていた!

これまでほとんどの人はその事実を知らずにきたが、2012年になり、あるロシアの情報サイトが暴露するかのように、1950年代に行われたストーンヘンジ復元作業の様子を詳細に捉えた写真108枚を公表し、衝撃を与えた。

一説では、それらは内部告発者がリークしたものとされ、写真が撮影されてから50年以上が経過し、著作権の期限が切れるのを待って行われたことが窺われる。また、それが事実だとすれば、自国ではなく、海外のサイトを通じて写真を公表した方が安全だったからだと解することもできるかもしれない。

では、具体的に何枚か写真を見ていくことにしよう。

次ページの写真はトリリトン復元の様子を捉えたものである。上に載せる石の底には二つの穴が開けられており、二本の立石の上にある突起にはめ込まれる。これによってトリリトンがぐらつくことはない。これらの写真だけからでも、いかに巨石が組み上げられたのかが分かり、極めて貴重な写真と言える。というのも、事実関係は分かっていたとしても、既に述べたように、イングリッシュ・ヘリテッジは復元の詳細を公開することを控えてきたからである。

ところで、このような作業で巨石を載せてトリリトンを復元するには、その前に穴を掘って立石をはめ込み、しっかりと固定しておく必要がある。そこで当時復元に携わった人々が必要だと考えたのが、コンクリートを流し込むことであった。

将来的に再調査を行う必要性が生じることがあれば、石の周りをコンクリートで固めてしまう判断が適切なことだったのか、気になるところだが、半世紀以上前の復元作業としては、妥当と考えられたのだろうか。

復元作業を捉えた写真を一通り見てみると、概ね丁寧に行われていたようにも感じられる。だが、いくつかの石には裸の状態でロープが巻かれて吊り上げられていたことや、子供を含めた見物人もいることなど、国家プロジェクトによるプロフェッショナルな作業というよりも、むしろ民間のボランティアが週末に行ってきた作業のような印象を与えるものである。

巨大な組石（トリリトン）復元作業の様子

上に載せる石の底に開けられた二つの穴

コンクリートを流し込んで石を固定する

上に載せる石をクレーンで上げる

作業にはたくさんの見物人の姿もみられる

疑惑をさらに深める巨石の存在と配置のデザイン

ストーンヘンジに利用されている石は、火成岩のドレライトと堆積岩の砂岩が主体だが、その中に奇妙な巨石が存在する。それが下の写真に写っているものである。完璧な直方体のコンクリートの塊が巨石の芯を構成しているように見える。イングリッシュ・ヘリテッジは過去にどのような復元を行ったのか詳細を説明していない。

良心的に想像してみれば、巨石の内部をくり抜いてからコンクリートの基礎の上に被せるように載せたのだと考えられるだろう。

だが、こんな写真を見て様々な想像力を掻き立てられる人々が現れるのも無理はないように思われる。ある人々は、コンクリートの芯（基礎）の周りをそれらしく加工したコンクリートで覆ったので

ストーンヘンジの中の奇妙な巨石

はないかと疑っている。つまり、セメントに混ぜ込む砂や小石などを厳選し、巧く加工すれば、天然石のように加工できるのではないかというのである。さらに、ストーンヘンジという古代人による神秘的な遺産は20世紀の人間が国家ぐるみで脚色して作り上げられ、それは秘密結社の主導で行われてきたとすら考える人々も現れているのだ。

問題は、どの程度正確に復元されたのか、という点に尽きるだろう。我々は、柱の穴が残っているだけで、古代の木造建築物を復元することができる。だが、そんな建築物の復元においては、基本的な建築工法が分かっても、細かい部分においては、かなりの想像が含まれる。もちろん、ストーンヘンジにおいては、石造りであり、いわば材料は残っている。決して複雑な構造ではない。そのため、復元において、当時と大きくかけ離れることは

大規模な復元で地面を掘り返されたストーンヘンジの場所

ないと思われる。

だが、個々の巨石の向きや位置に加え、周囲の砂礫の分布状況など、当初とは微妙に変わってしまい、20世紀の大規模復元で地面が掘り返されて以後、もはや大元の状態が分からなくなってしまっているのではないかと危惧する研究者もいる。

そんな人々が以下のような写真を見ると、「横たわっているはずの石がない。ほとんど更地状態の場所に現代人のデザインで巨石は配置されていったのだ！」ということになる。

おそらく、立っていた石をいったん抜くか、横たわっていた石を移動させておいて、穴の周囲を四角く切り取り、コンクリートで基礎を作ってから垂直に埋め戻すという作業の途中段階を撮影したものだと思われる。

だが、ひとたび疑念が生じると、様々な憶測が生まれる。巨石自体がそっくりすり替えられたのではなかろうか？　巨石の数が変化しているのではなかろうか？　神秘性を加えるために、天文学的に意味を持つような配置になるように微妙に手が加えられているのではなかろうか？

過去の調査によると、石の配置と数から計算して、ストーンヘンジは建造途中で放棄されたものだと考えられている。だが、その判断もむしろ復元作業で錯綜した結果なのではあるまいか、といった疑念をも生みだし、憶測は止まらない。

中には、エジプトやマヤのピラミッドまでも近代人の作り物であり、秘密結社の陰謀だとする情報すら発信する人々まで現れているのだ。

穴の周囲を人工的に⁉四角く切り取った地面の様子。現場に組み立てる巨石らしきものはみられない……

それもこれも、国家に代わってストーンヘンジを管理するイングリッシュ・ヘリテッジが復元の詳細を伏せてきたことに加え、ストーンヘンジに大規模な復元作業が行われていて、我々が目にするもののほとんどが何らかの形で手が加えられていることを関係考古学者たちは認めていることにある。

このような点は、きちんと説明されるべきことと思われる。さもなければ、インターネットにおいて疑惑が拡散するだけである。

英国政府に闇の秘密⁉　なぜ復元の歴史が故意に隠されたのか？

しかし、なぜ今まで成功裡にストーンヘンジ復元の歴史は消し去られてきたのだろうか？　実のところ、大きな秘密はないと考えられている。

第一に、倒れた巨石を起こし、再配置することは、芸術作品の修復以上に、復元作業としての性格が強かったと考えられる。例えば、注意深い作業が要求される絵画の修復においても、一昔前までは、過去の状態を想像して、修復師が上から新たに絵具で描き足す作業が長い時代にわたって続けられてきた。そのため、例えば、システィーナ礼拝堂のミケランジェロの壁画修復の際に明らかとなったように、原画とは輪郭線が大きくずれていってしまったり、色味も変わってしまうことは、ある意味、当たり前だった。芸術作品においてそのレベルだったので、古代遺跡の復元においては、今日我々が期待するような厳密さが求められることはなかったと考えられる。そもそも、従うべき基準は存在しなかったのである。

写真から分かるように、修復には多くの人々が関わってきたが、作業に加わった人の中で、自分たちの活動に疑問の声を上げる人はほとんどいなかったと想像される。もちろん、時代は変わり、価値観が変化してきたわけであるが、当時、復元に関わった人々の多くは既に故人となっているか、高齢である。当時としては当たり前のことを行っていたにすぎなかったわけであり、ことさら問題視する人々もいないのではなかろうか。

問題は、むしろ英国政府によって設立されたイングリッシュ・ヘリテッジが、1964年の修復を最後に、その詳細を故意に伏せるようにしてきたことにあるだろう。その背景には、もちろん、観光収入への期待感があったのだと想像されるが、他に何か隠すべき秘密が存在したのだろうか？その点は謎のままである。とはいえ、後ろめたいことが何もなかったとしても、今となっては、復元を大胆にやり過ぎた感が拭えないものである。

筆者は代替科学の研究者として、古代遺跡にも関心を払ってきた。そして、古代人は石を磁性において分類してきたと考える研究者たちがいることを知っている。磁石に弱く引き寄せられる性質（常磁性）を持つ岩石と、磁石に弱く反発する性質（反磁性）を持つ岩石と区別していた可能性である。例えば、常磁性の顕著な花崗岩がふんだんに使用された大ピラミッドの王の間においては、常磁性物質を反発させる効果が高まっていると報告されている。

もし、本当に古代人が常磁性と反磁性を使い分けて巨石構造物を建造していたとすると、コンクリートや鉄骨を使った復元を行うことで、磁気的に変化を及ぼした可能性は十分考えられる。どのような修復が行われたのかが公表されない限り、そんな調査の障害にもなりえ、ストーンヘンジの神秘的な効果に関心を抱く人々からすれば、それは回避されるべき修復法であったといえるだろう。

1986年、ストーンヘンジはエーヴベリーの遺跡群と合わせて、ユネスコの世界遺産に登録された。そして、世界で最も有名な先史時代の遺跡として輝かしき地位を獲得している。それは、皮肉にも早期に大胆な復元作業を行い、余計なことは語らない体制を強化してきた成果だったといえるのかもしれない。

一方、日本の富士山が世界遺産に登録される際、ゴミ問題（環境管理）が障害となった。世界遺産への登録には、そのものの価値以外にも要求される要素は多く、厳しい基準があった。また昨今、日本においては情報公開のやり方とタイミングを失敗して、とても大きな問題に発展するケースが目立つ。

単に日本人は粗探し好きにもかかわらず、情報公開が下手である可能性もあるのかもしれないが、時代とともに我々の価値観も変わり、イギリスにおいても情報公開の必要性がもっと叫ばれるようになるのではなかろうか……。

ストーンヘンジの前で秘密の儀式!?

秘密結社との繋がりが噂されたのは、このような写真からだろうか？

Part I

隠蔽された不都合な医学的大発見

第一章

ガン、エイズを治癒させる究極のワクチンが握り潰された⁉

——治癒率99％の治療法が医薬品業界に与えた衝撃

臨床実験で実証済みの難病治療法はこうして潰された

ガン、エイズ、心臓病をはじめとする数々の難病を、99％以上の確率で治してしまうワクチンがすでに存在していた！　そう聞いても、「そんな馬鹿なことがあるものか」と一笑に付されるに違いない。

もしそんなワクチンが存在したら、病に臥《ふ》せる人々の数が激減し、何とも喜ばしいことである。ところが、それは、医師、病院、薬の必要性が圧倒的に少なくなることをも意味する。つまり、医療業界にとっては大打撃であり、多くの人々が職を失うばかりでなく、世界的な大混乱が予測される。オーストラリアの医学博士サム・チャチョーワ氏は、そのような大発見をしてしまったが故に、大きな災難に見舞われることとなった。

1995年夏、チャチョーワ博士は、過去15年間の研究が報われ、人生において最も輝かしい体験をするはずだった。その10年以上も前に、彼が開発した療法とワクチンは完成していたが、まずは自分の研究成果を医療関係者に伝えるために世界中を回り、事前に医療機関で臨床実験が行われる必要があった。アメリカのコロラド大学、UCLA、そしてシーダーズ・サイナイ・メディカル・センター（CSMC）では、他のいかなる治療方法でも効果を上げることのできなかったガン患者に対して、彼の開発したワクチンを投与する臨床実験が試みられた。その実験に関わった医師たちは皆興奮して、チャチョーワ博士の開発したワクチンの奇跡的効果に感激を露にした。自分が開発したワクチンの効果が超一流の医療機関で確認されて、自信を持ってオーストラリアに帰国したチャチョーワ博士は、全世界に向けて、まさにその成果を発表する段階であった。

結果は、99％以上の患者にすぐに効果が表れる、驚くべきものであった。

ところが、新聞のインタビューは突然キャンセルされ、オーストラリア医学協会は、明らかな嘘をつく詐欺師であるとして、チャチョーワ博士を非難し始めた。研究成果を追検証する医療機関に10万ドルの資金提供をするという彼の申し出はことごとく無視され、彼の研究に協力していた医学者たちですら態度を一変させると、共同研究の継続を拒否してきたのだ。

チャチョーワ博士の研究は、現在の医学界においては常識を逸脱したアプローチであり、その驚異的な効果は医薬品業界を揺るがすものだったのだ。

奇跡のガン療法を生み出した医学博士の真実

1975年、サム・チャチョーワ少年が思春期に入った頃、父親にいくつもの骨髄腫（脊髄ガン）が見つかった。将来、サムは医学部に通うつもりでいた。当時は、特別な症状が発生しない限り、治療は一切行わないのが一般的で、彼の父親も例外ではなく、自分の病気のことは誰にも告げずに、いつもながらの生活を続けていた。しかし、次第に症状が表れ容態が悪化。医学部に通う兄と姉の影響もあって、将来は医者になることを目指していたサムは、父の病気を知り、何とかガンを治す方法を見つけ出し、父親の健康を取り戻したいと切に願っていた。そして、ついに医学、特にガンについて独学を始めたのだった。

物理・化学に秀《ひい》でていたサムは、高校生にしてガン研究者たちと連絡を取り、様々なアイディアを提案しては議論を行った。そうしてガンについて次々と学んで行き、副作用が強く、さほど効果が得られていないにもかかわらず、化学療法や放射線療法が広く普及している現状も知った。

そして1977年、サムは18歳にして、のちに自らが命名したＩＲＴ（Induced Remission Therapy＝誘導寛解療法）の基となるガンの治療法を発見。前代見聞の若さでオーストラリアのガン研究機関で研究・発表を行うまでに至ったのである。

逆転発想の免疫学！　抗生物質に依存しない動物の免疫反応利用

どんなに悪性のガンに対しても、小腸だけはその攻撃に抵抗力を示す。小腸にはパイエル板と呼ばれるリンパ組織の小節があり、それが自らの免疫力を保護している。おそらく、それがガンの進行と腫瘍の拡大を妨げているのだ。

サムは考えた。胸腺《きょうせん》は脊椎動物の免疫機能に重要な物質を分泌する内分泌腺であり、ヒトの場合は首の付け根に近い胸部にある。ところが、例えば鳥の場合、免疫を司《つかさど》る器官は胸腺ではなく、未発達状態の腸内にある。ヒトの免疫のこの部分は、進化の過程で不公平にも退化して譲り受けられてきたのであろうか？

他の動物にとっては命取りとなる病気に対して、ある種の動物が完全なる抵抗力を示すのは、ヒトの小腸が示す免疫能力と関連付けられるのかもしれない。

例えば、ＨＩＶの場合は人間にだけ感染しエイズを発症する。実験を行った動物には、その感染を退ける抵抗力が備わっていた。それゆえに、動物をＨＩＶ感染・エイズを発症させて検証する「動物モデル」がなく、そのことで医師たちは頭を抱えてきたのである。ちなみに、馬、猫、犬などの動物も、人間のガンに対して抵抗力を備えている。

そこで、サムは逆転の発想をした。それならば、どうしてエイズやガンのワクチン生成のために、動物の免疫反応を利用しないのだろうか、と。

ご存知のように、１９２９年にアレキサンダー・フレミングによって、世界初の抗生物質ペニシリンが発見されて以降、医学界は大きく変わった。抗生物質は究極の万能薬としてもてはやされると、従来採用されてきた動物の免疫能力利用は高リスクで邪道と考えられ、いつしか忘れ去られていった。

しかし、抗生物質では治癒できない、様々な難病に苦しむ人々が増え続けると、抗生物質へ依存したつけは大きなものとなっていた。

薬学が未発達の時代には、医師たちは、肺炎、狂犬病、急性灰白髄炎（ポリオ）、天然痘《てんねんとう》や他の伝染病の治療に馬の血清《けっせい》（抗血清）を用いていた。なのになぜ、今日でも同じ理論を応用・発展させないのだろう。サムはそう考えたのである。

確かに、過去の治療法においては、血清病のような副作用の問題が見られたが、サムはそれを解消し、動物の持つ抵抗力を安全に人間に移植して完全なる治癒を実現するワクチン開発を考えたのである。

1984年、サムはメルボルン大学医学部を優等で卒業して、正真正銘の医師になった。そして、動物の免疫反応を利用するという独自のアプローチは、動物実験においても、ヒトへの臨床実験においても、注目すべき成功を収めていった。

IRT（Induced Remission Therapy）誘導寛解療法の完成

これまでの歴史において、ガンのように、通常ならば簡単に治るはずのない病気が消失してしまうという、常識では考えられない奇跡のような現象がいくつも報告されている。多くの科学者は、ある病気にかかっている際に、別の感染が起こり、それがガン細胞を破壊する能力を有していたのだと考えた。ガン組織を殺すためにウィルスやバクテリアの力が使われてきたのは、こうした考えに立脚している。

サム・チャチョーワ博士

　こうした治療が試みられるようになったのは、古くは200〜300年前に遡《さかのぼ》ると思われるが、記録のある例として、ウィリアム・コーリー博士（1862―1936）は梅毒や特定の連鎖球菌を使用してガン治療に大きな成果を上げ、1893年に開発した「コーリー毒療法」はその後60年間、ガン治療の主流となった。近年ではヘンリー・ハイムリック博士（1920―）がエイズやガンの患者にマラリアを感染させて治癒している。また、白血病の子供の場合、麻疹（はしか）にかかると、そのウィルス粒子が白血病細胞の内部に見られるようになり、3週間以内で、対抗する抗《こう》体《たい》ができて、麻疹のウィルスとすべてのガン（白血病）細胞を破壊して治癒することが報告されている。

　過度に熱心な医師たちは、普通の人であれば死に至らしめる天然痘、マラリア、脳炎や他の感染症のウィルスをガン患者に投与したが、彼らがその感染によって死ぬケースは意外と少なかった。その要因は、ガンが発病している間に、病気に対する免疫反応を効果的に発動させる患者自身の能力にあるようだ。

ちなみに、結核やハンセン病の患者がほとんどガンに侵されることがない点に気付いた故丸山千里《ちさと》博士は、同様の発想で、結核菌から抽出したアラビノマンナンという多糖類を主成分とした、いわゆる「丸山ワクチン」を開発している。チャチョーワ博士のワクチンには及ばないものの、手術でガンを取りきれなかった患者126名を対象に、従来の抗ガン剤に丸山ワクチンを併用して治療した場合、抗ガン剤のみによる治療と較べて、50ヵ月後の生存率が約15%向上するデータが出ている。

チャチョーワ博士もまた、病気が自発的に消失する現象に興味を持ち、様々な可能性を模索した。そして、数年にわたる動物実験を繰り返した結果、ガンは洗練された免疫学的メカニズムを持つことを突き止めた。ガン細胞は生体をその母体で被包し、その細胞と取り込まれたものを破壊するために抗体を作り出す。体が打ち負かすことのできない感染があれば、ガン細胞はそれを被包しようとして急速に成長しようとする。しかし、感染した生体を注入すると、ガン細胞は広範囲に抗菌・抗ウィルス性のエージェントを発生させることになり、ガンが広がることはない。そのエージェントの中には、HIVに対してさえ効力のあるものも含まれた。

チャチョーワ博士の研究の焦点は、動物の免疫能力（抗血清）を安全に利用するアプローチと、人体に無害な感染生体を利用して、患者自身が持つ免疫能力を発動させるアプローチとにしぼられた。

ＩＲＴは、細胞治癒を確実にするために、病原性のない生体のみを利用し、通常の遺伝子材料を持った細胞であふれさせるというメカニズムを洗練させたものである。簡単に説明すれば、病原性のない生体を体内に注入すると、それがガン細胞のような目標となる細胞にくっつき、包み込むようになる。そして、患者自身が持つ免疫能力で、危険性のない生体を破壊すると、その内部に取り込まれていたガン細胞も同時に消えてしまう。奇跡のようなガンの治療法を、チャチョーワ博士はついに完成させたのである。

実際に末期患者を治癒させた具体的データ

別の場所からの転移で、ひとたびガンが肝臓に到達すると、治療が非常に困難だといわれている。写真1は、その種のガンを患った42歳女性の肝臓のＣＴ画像で、上に丸で囲まれた黒い点は、患者が生まれつき有する嚢胞《のうほう》、左側の大きな黒い点がガンである。このガンに、患者には無害な死んだバクテリアの抽出液を使って、ブドウ球菌をくっつけたところ、わずか2週間の治療でガンが消えたのである（写真2）。

写真3は激しいウィルスの攻撃に遭い、構造的に崩壊の危機にある細胞を示している。この細胞はフローサイトメトリー（微細な粒子を流体中に分散させ、その流体を細く流して個々の粒子を光学的に分析する手法）によって分離されたもので、細胞質の中にある黒い点は、ウィルスの存在を示している。驚くべきことに、患者のプロテアーゼ阻害剤は検知不可能なＰＣＲ（ポリメラーゼ連鎖反応）を示した。この病気の進行を診断するために共通して利用される技術すら疑うことにもなるのだが、ＰＣＲレベルが20万を超える他の患者たちは、細胞内ウィルス粒子の数がより少なく、さらに効率的な免疫反応を示している。

ＩＲＴは、心臓病を含む多くの病気にも、驚くべき治癒反応をもたらしている。写真7、写真8は、深刻な心臓病を経験したことのある、50歳の糖尿病患者の心電図である。わずか2日間の治療で心臓の機能が高まり、Ｒ波進行において改善が現れたことを示している。患者のトリグリセライド値は、3分の1に降下。また、コレステロール値とグルコース値も改善している。遺伝子レベルで効果を発揮するＩＲＴには限界がなく、炎症性の病気、ぜん息、多発性硬化症、尋常性狼瘡《ろうそう》、慢性疲労症候群、関節炎、乾癬《かんせん》、認知症等にも効果がある。

写真9は、小細胞のガン腫が脳にいくつも転移している状態を示している。写真10は、2ヵ月の

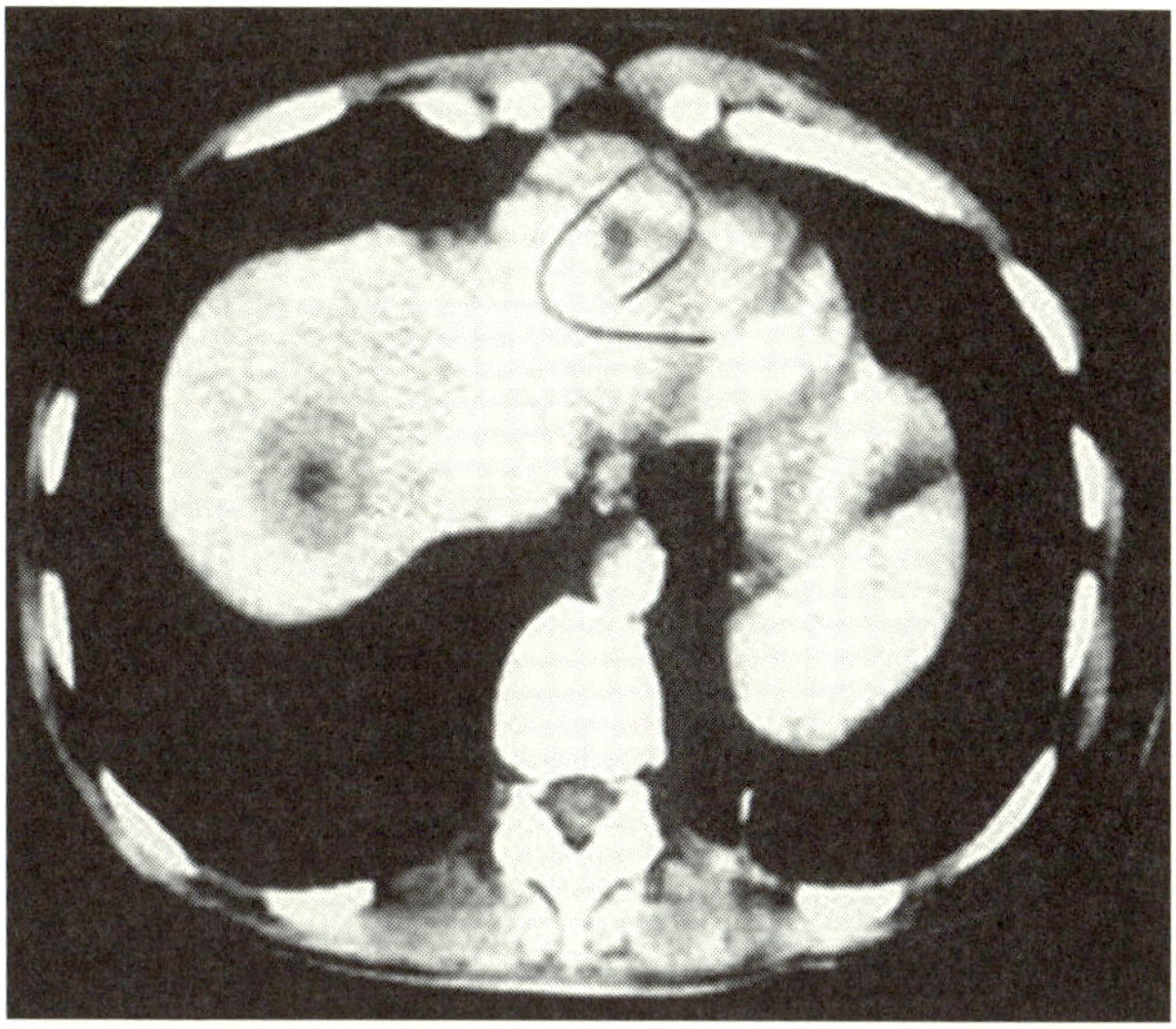

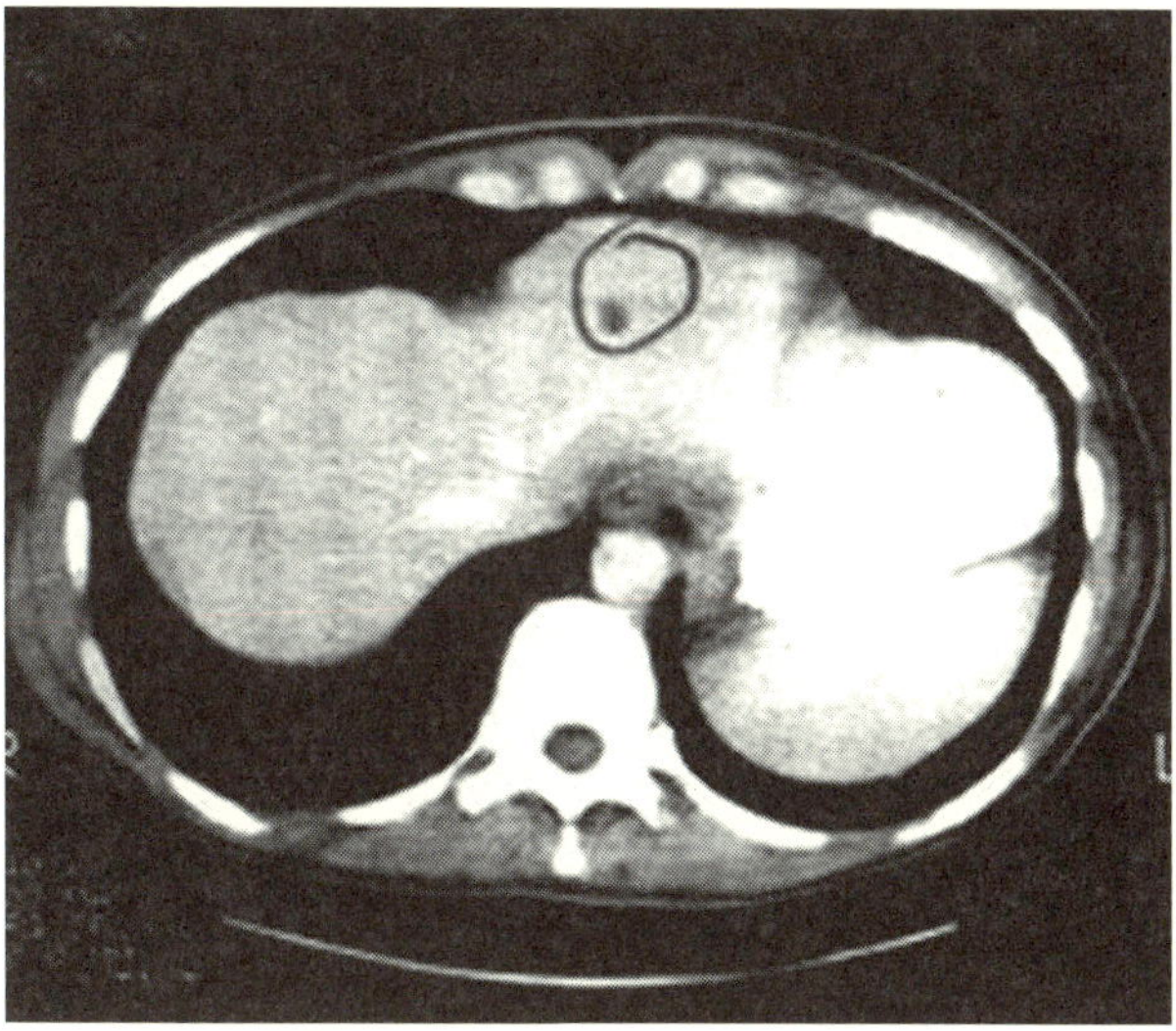

上：写真１（治療前）　下：写真２（治療２週間後）

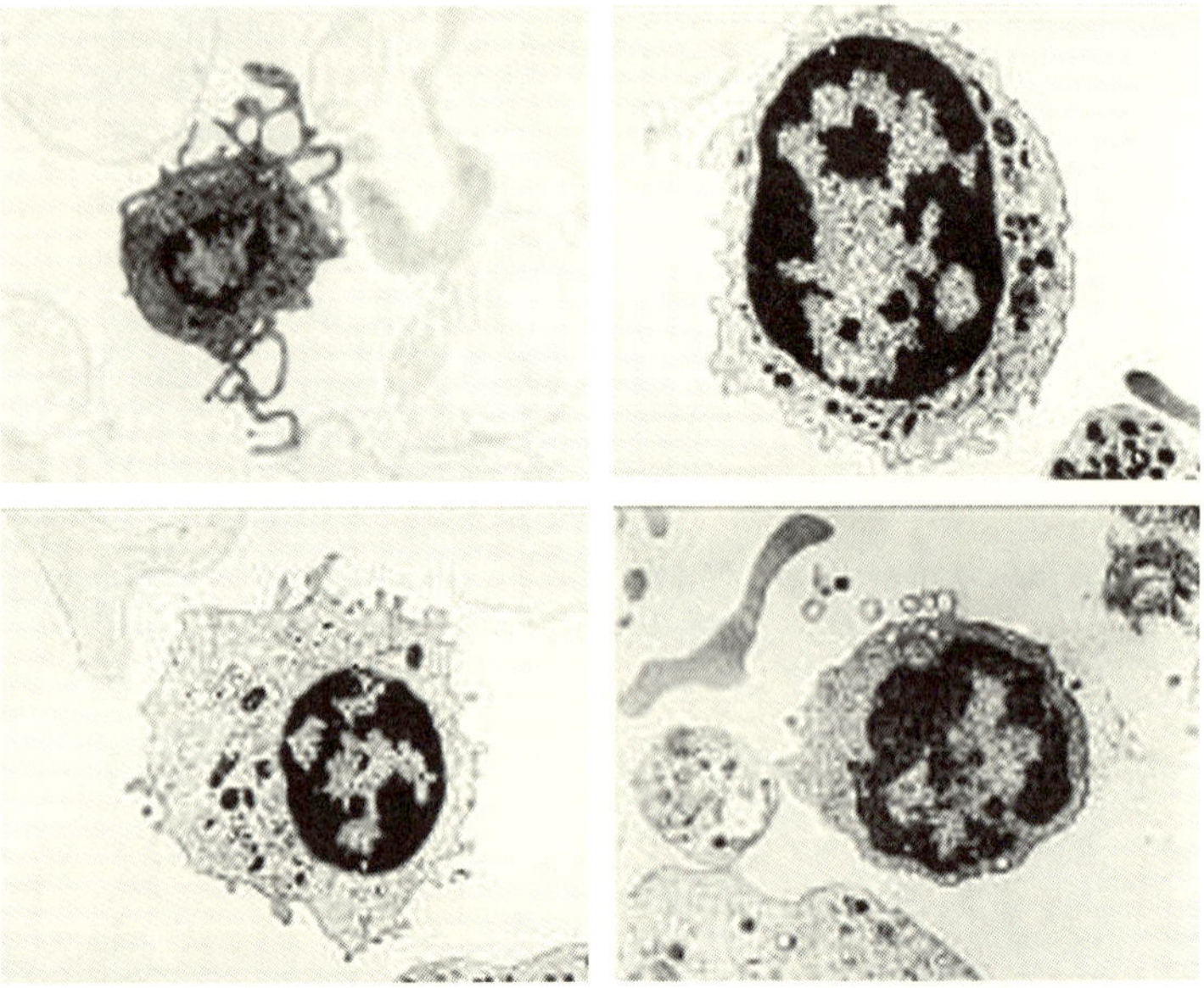

上左：写真３（ワクチン投与前）　上右：写真４（ワクチン投与３日目）
下左：写真５（ワクチン投与６日目）　下右：写真６（ワクチン投与９日目）

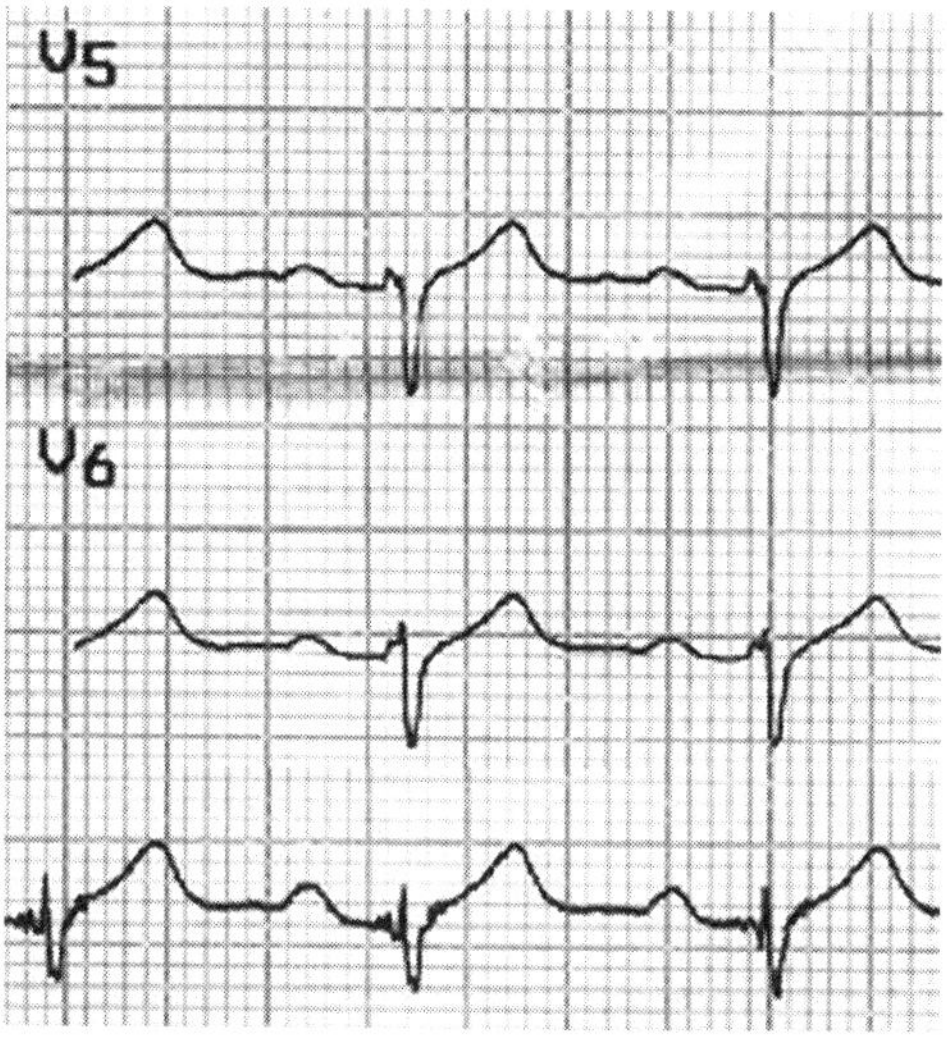

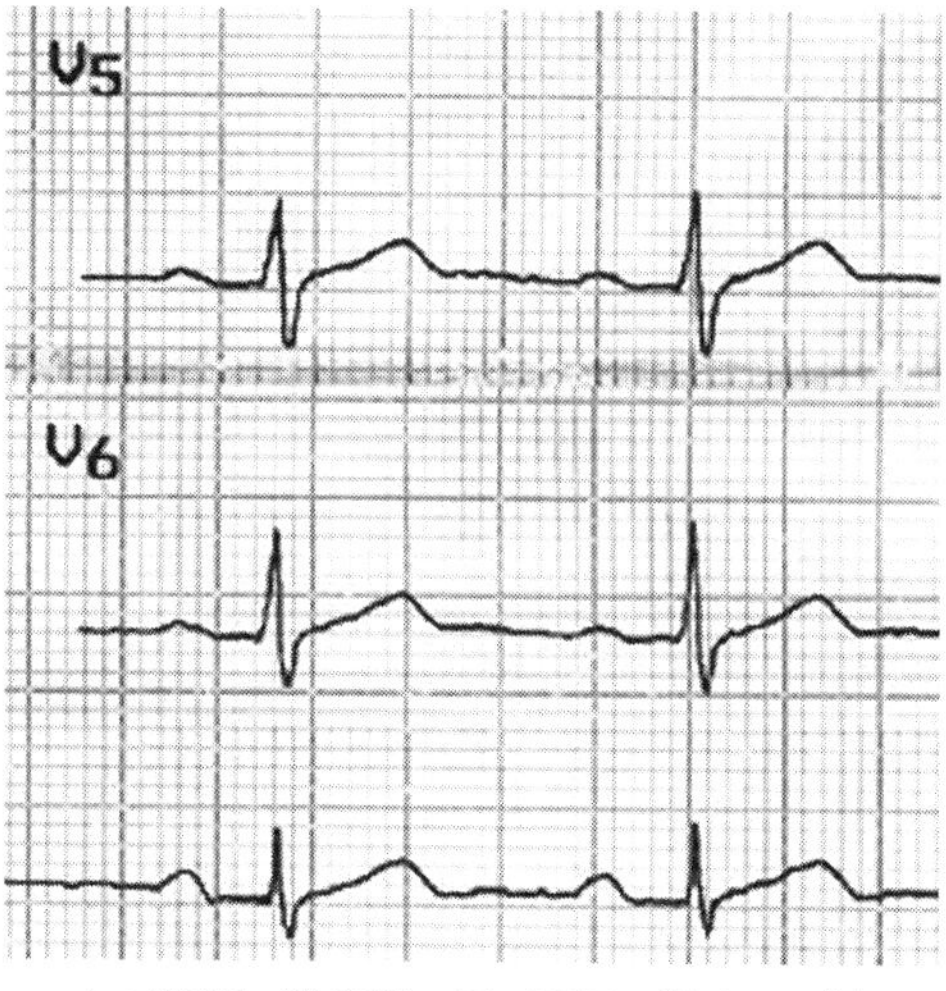

上：写真７（治療前）　下：写真８（治療２日後）

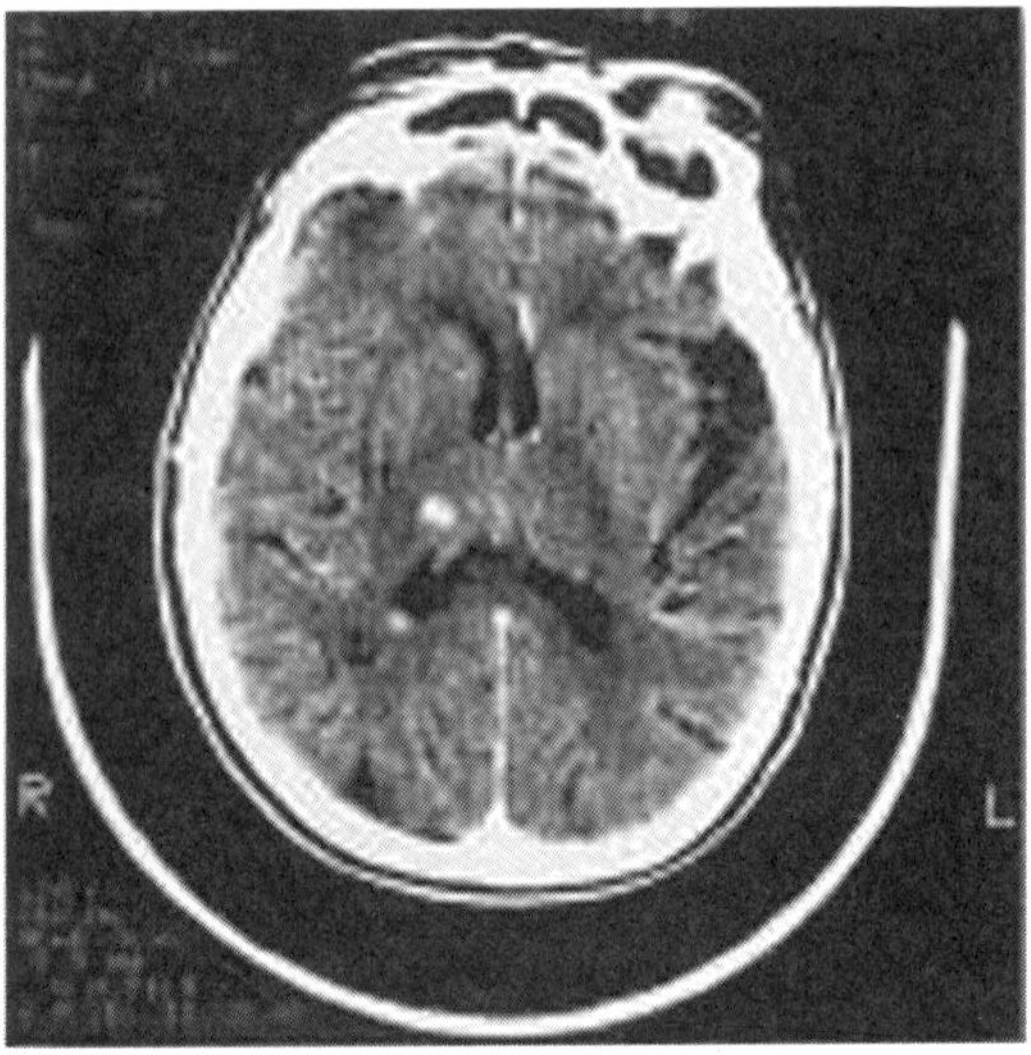

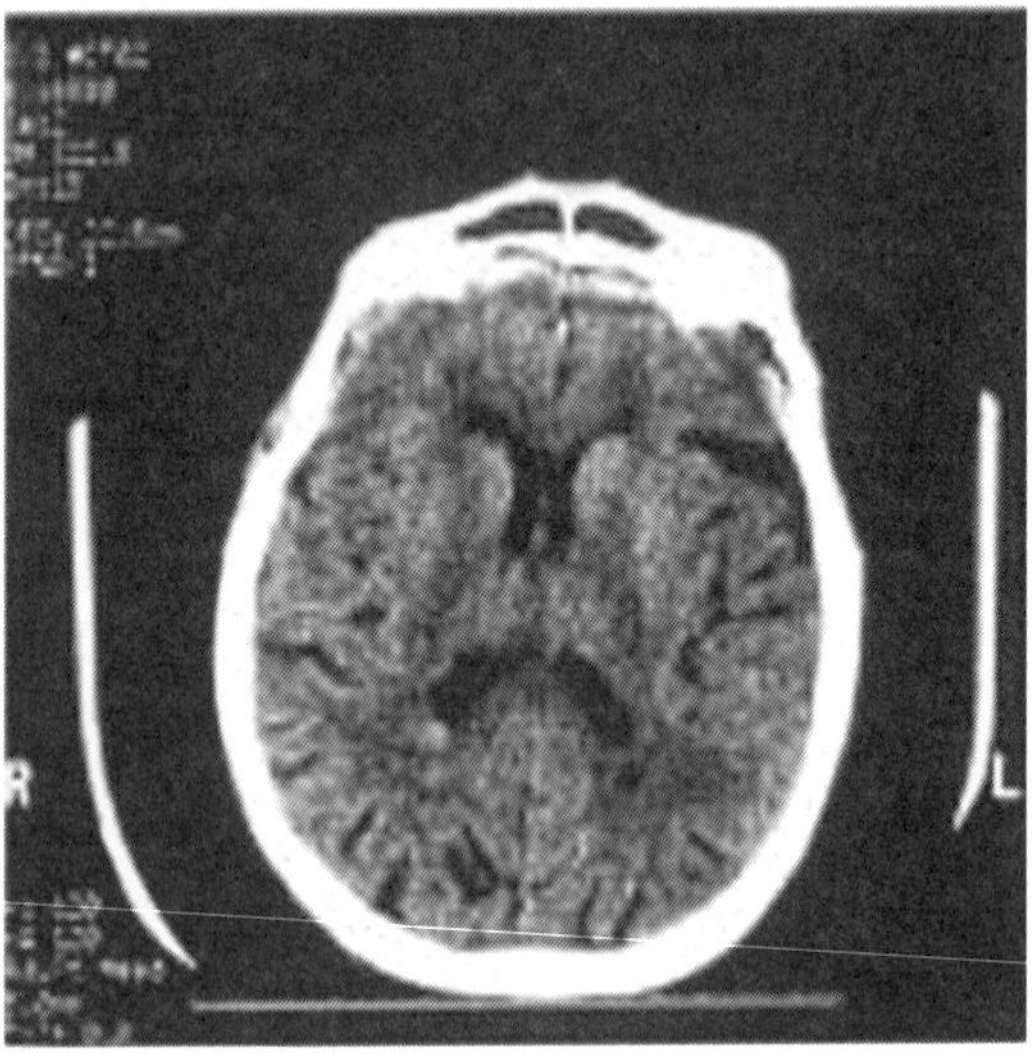

上：写真９（治療前）　下：写真10（治療２ヵ月後）

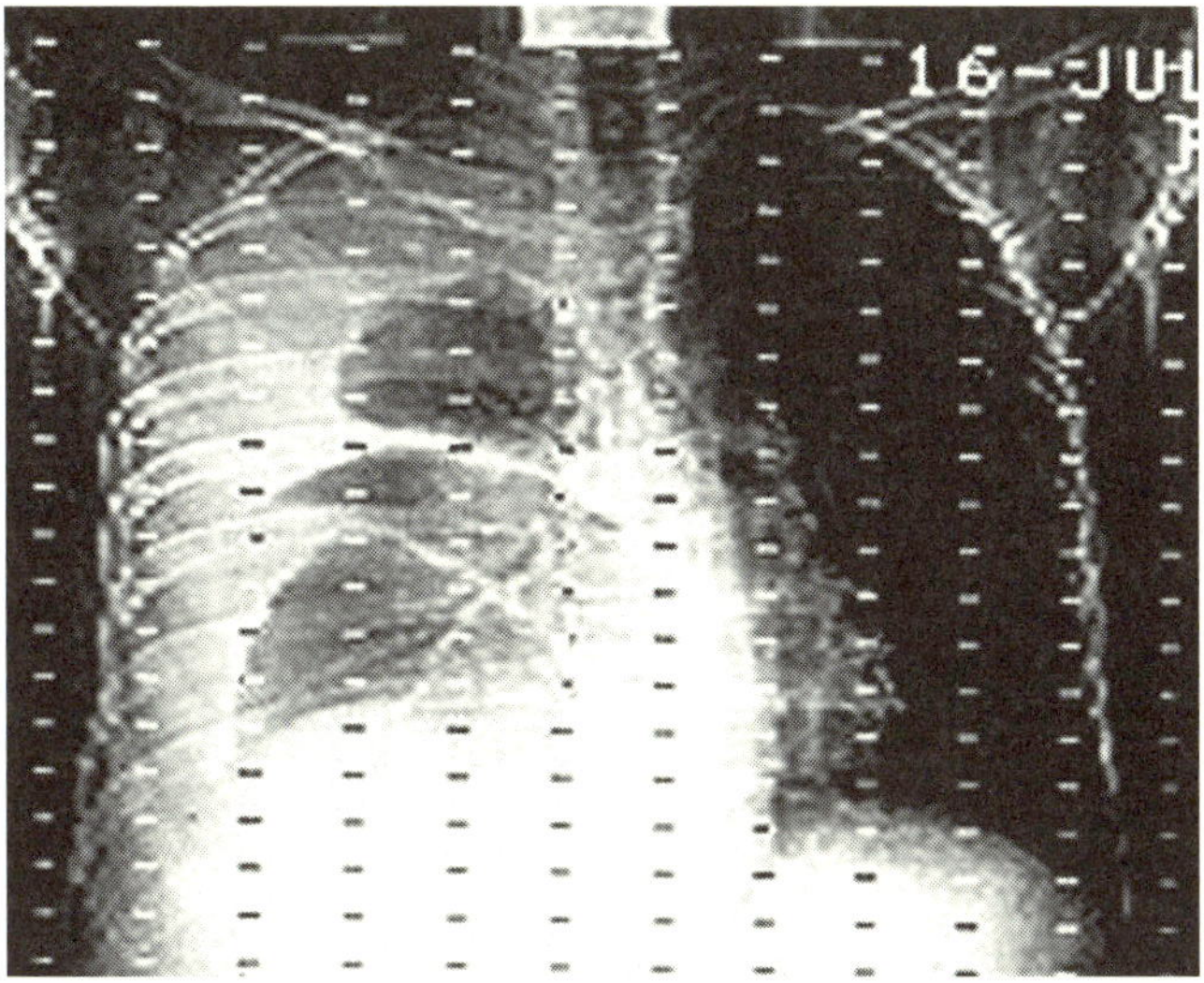

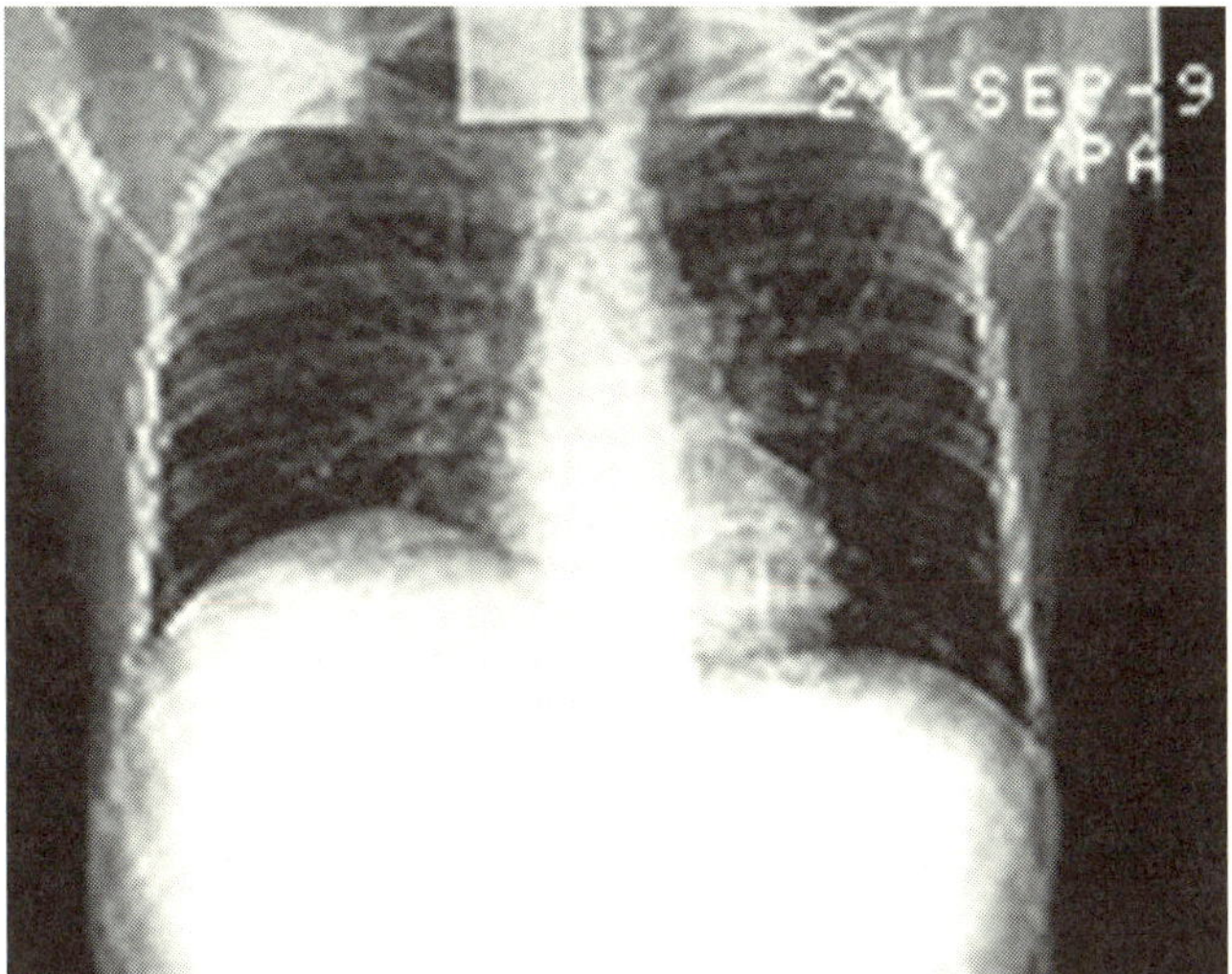

上：写真11（治療前）　下：写真12（治療 6 週間後）

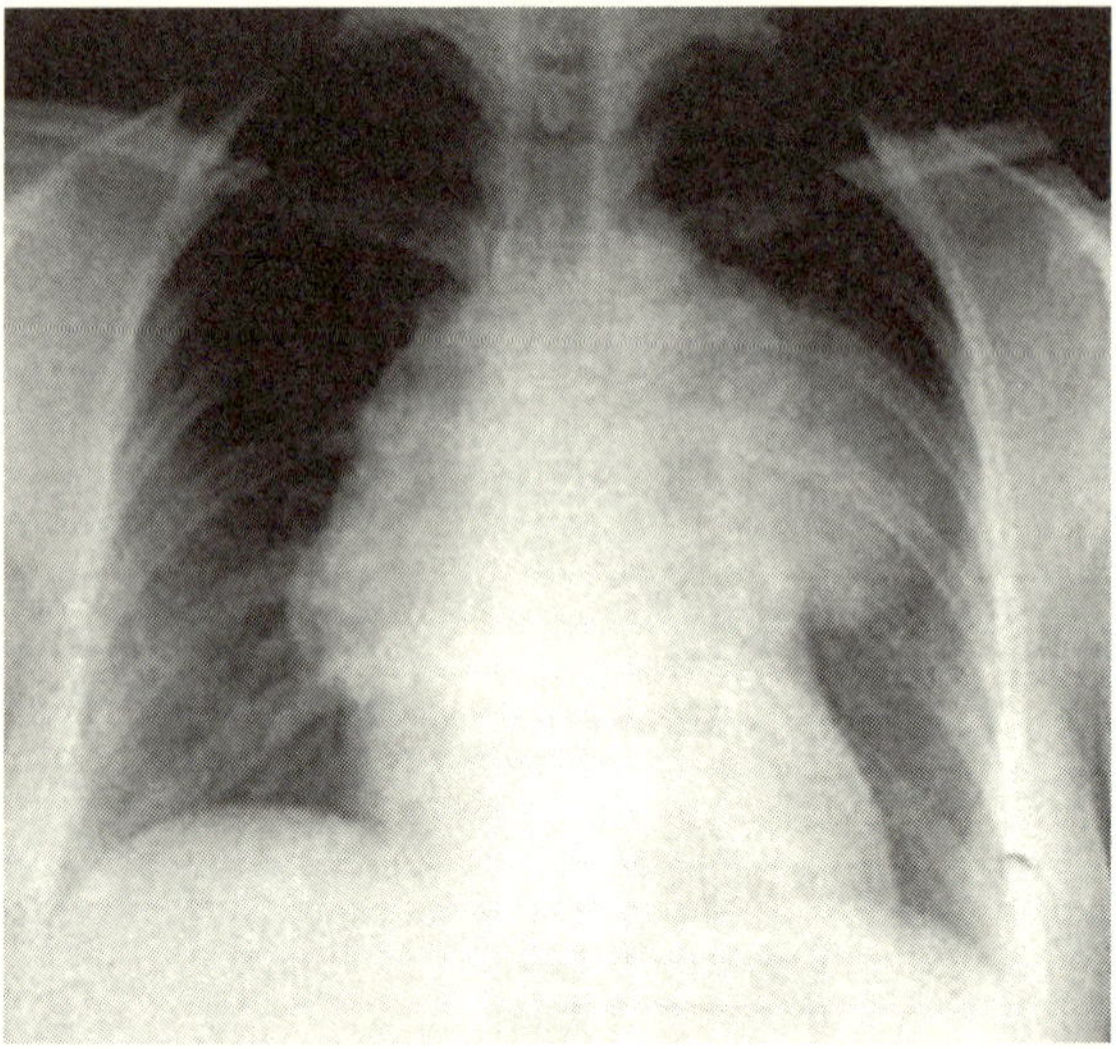

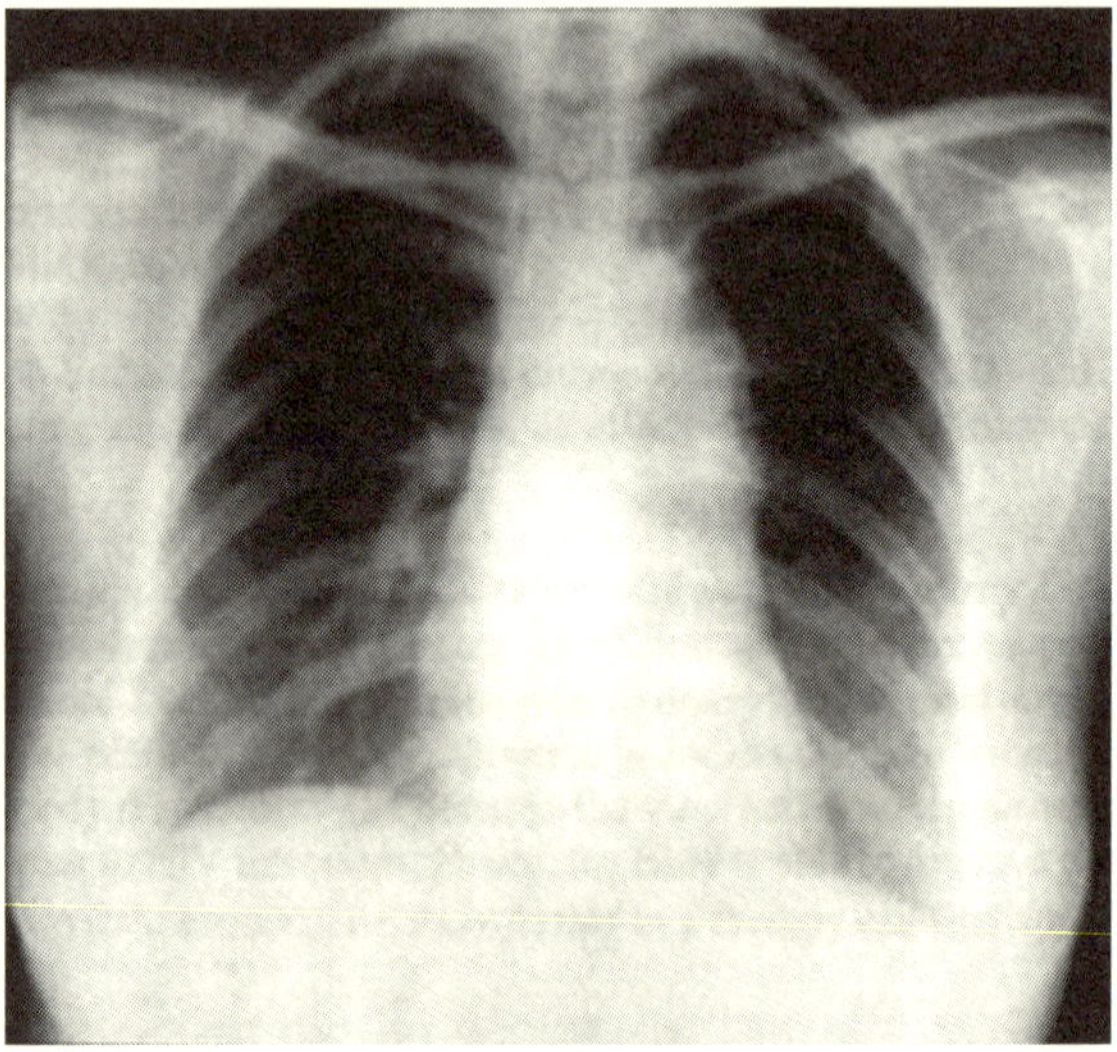

上：写真13（治療前）　下：写真14（治療１週間後）

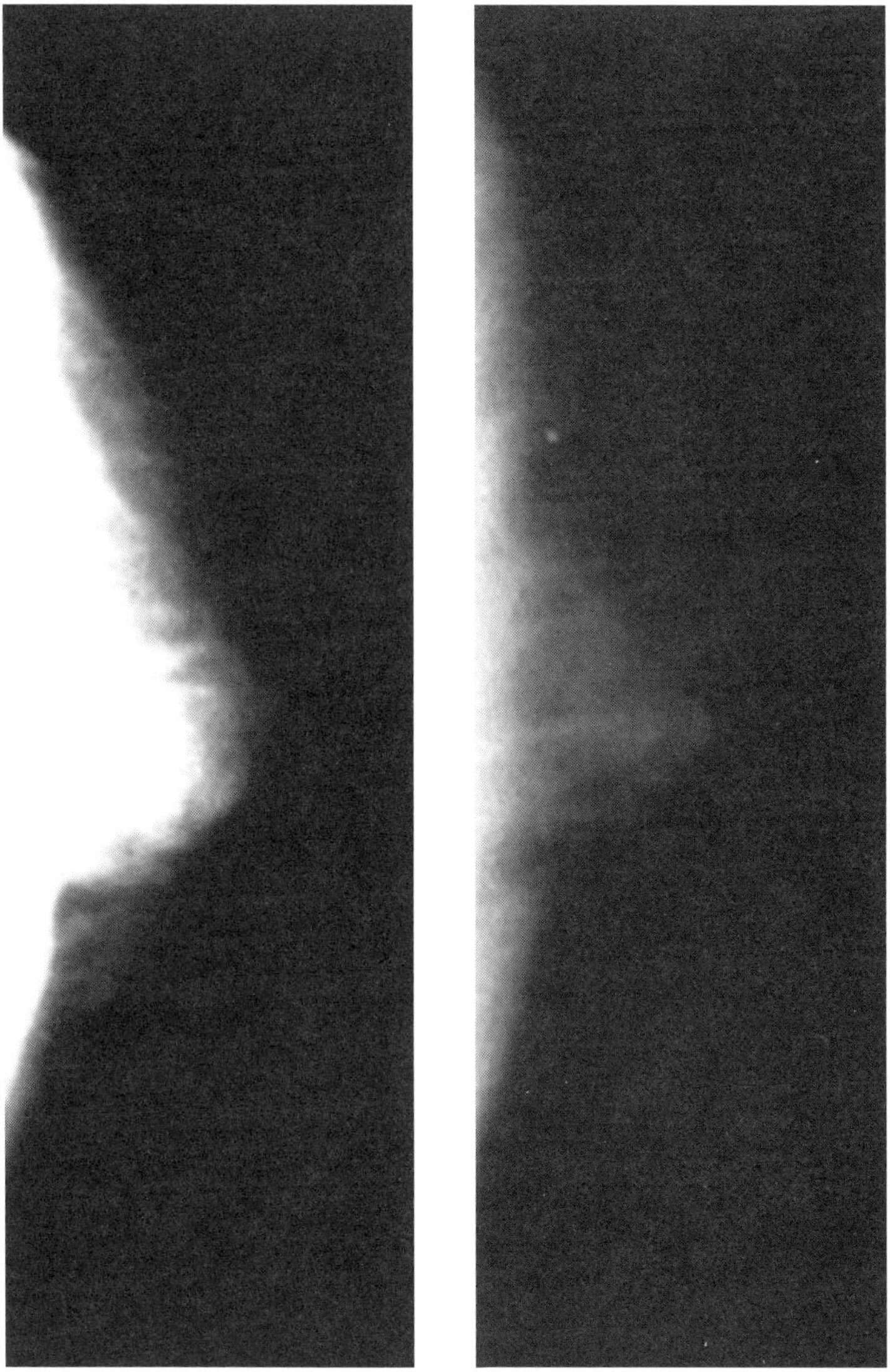

左：写真15（治療前）　右：写真16（治療10日後）

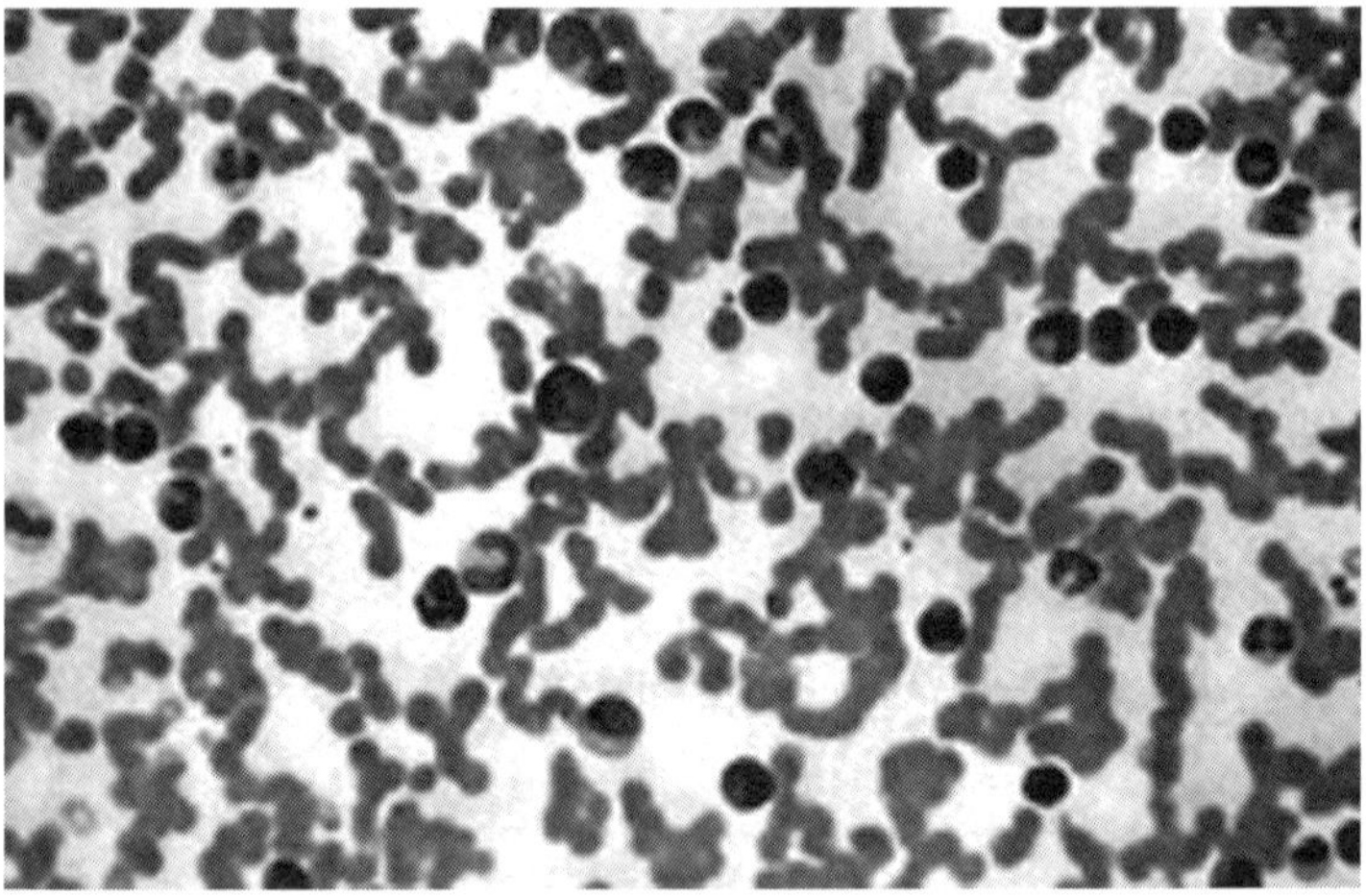

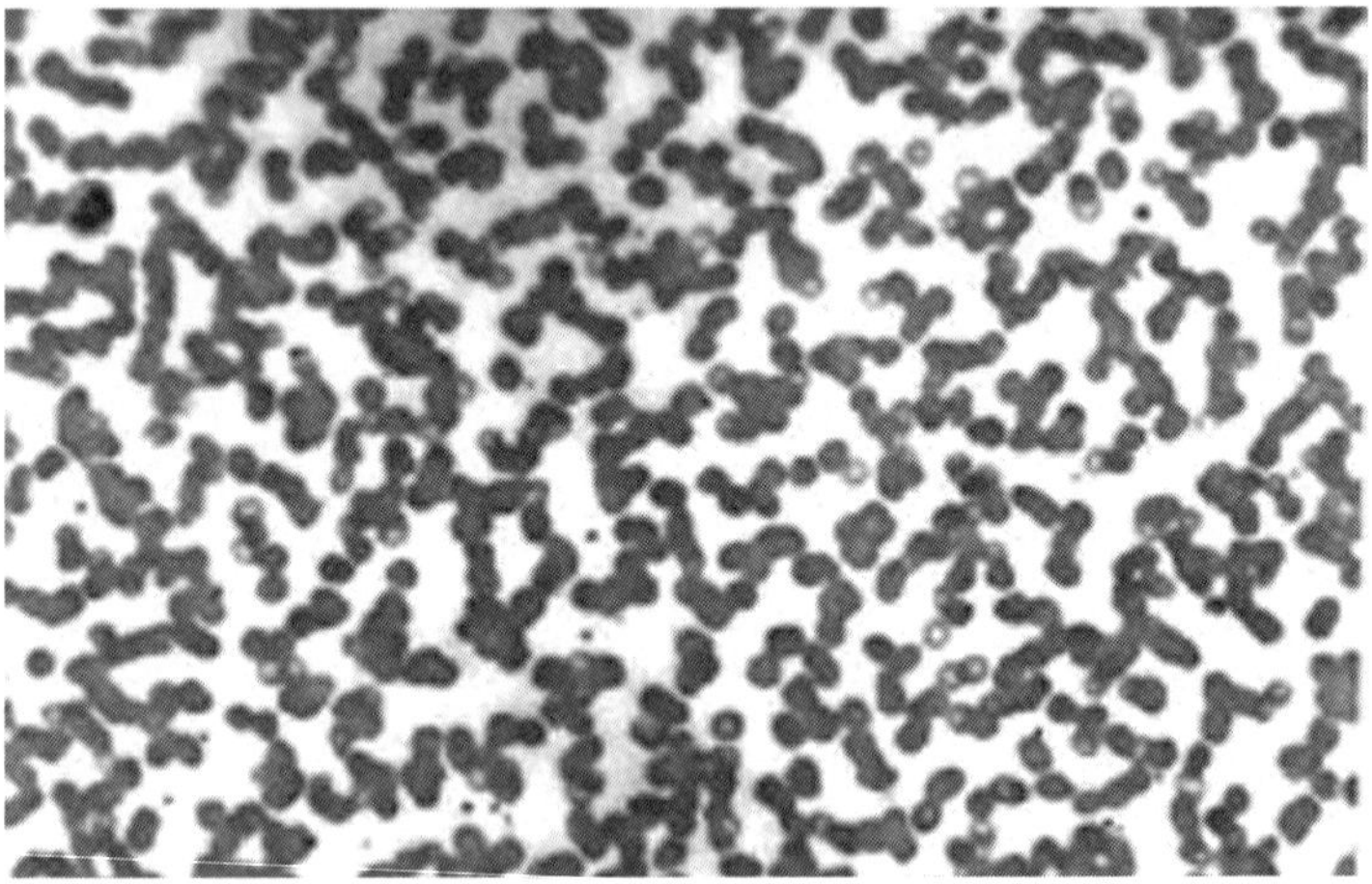

上：写真17（治療前）　下：写真18（治療１週間後）

治療でガン腫が消えていることを示している。

写真11は、22歳男性の胸部CT画像である。横隔膜の片側を貫く肝臓ガンが、右側の肺を包み込んでいる。写真12は、6週間の治療の後のCT画像で、肺を取り囲んでいたガンが消えていることがわかる。

写真13は、ボディー・ビルディングを行う32歳女性の胸部レントゲン写真で、非ホジキンリンパ腫を患《わずら》っている。中央の大きな白い塊がガンである。彼女は約1週間の治療を受け、ほぼガンが消えた（写真14）。

写真15は、乳ガンにかかった65歳の女性のレントゲン写真である。写真16は、治療10日後のレントゲン写真で、正常な状態に戻っていることがわかる。

写真17で、黒い大きな点は白血病の細胞である。これが1週間の治療で写真18のように消失している。

世紀の大発見が消された！　司法で暴かれた医療機関の隠蔽操作

2000年8月、ロサンゼルス連邦裁判所では、ある判決が下された。被告シーダーズ・サイナイ・メディカル・センター（以下CSMC）は原告サム・チャチョーワ博士に対して約1000万ドルを支払うように命じられたのである。

そもそも、そのような裁判が行われたのには、次のような経緯があった。チャチョーワ博士が独自の治療法で前立腺ガンを治癒させたニュースが広まると、UCLAやCSMCの一流の研究者たちは、ガンやエイズに対して臨床実験を行いたいと、チャチョーワ博士に申し出た（のちに、南カリフォルニア大学もその実験・研究に関わっている）。

こうして1994年秋より始めた実験は大きな成功を収めて、医学界より極めて好意的かつ積極的な反応を得ることができた。CSMCのエイズ・免疫異常センターの所長エリック・ダール博士は、「データを見ると、実験に使われた多くの血清サンプルが、感染を大いに抑制していることがわかる」とコメントしている。また、UCLA医学部の教授ポール・テラサキ博士は、「大規模な実験が着手され、興味深い結果を出している」、同医学部のシュロモ・メルメッド博士も「興奮すべき治療機会を与える新しい世界」と評した。

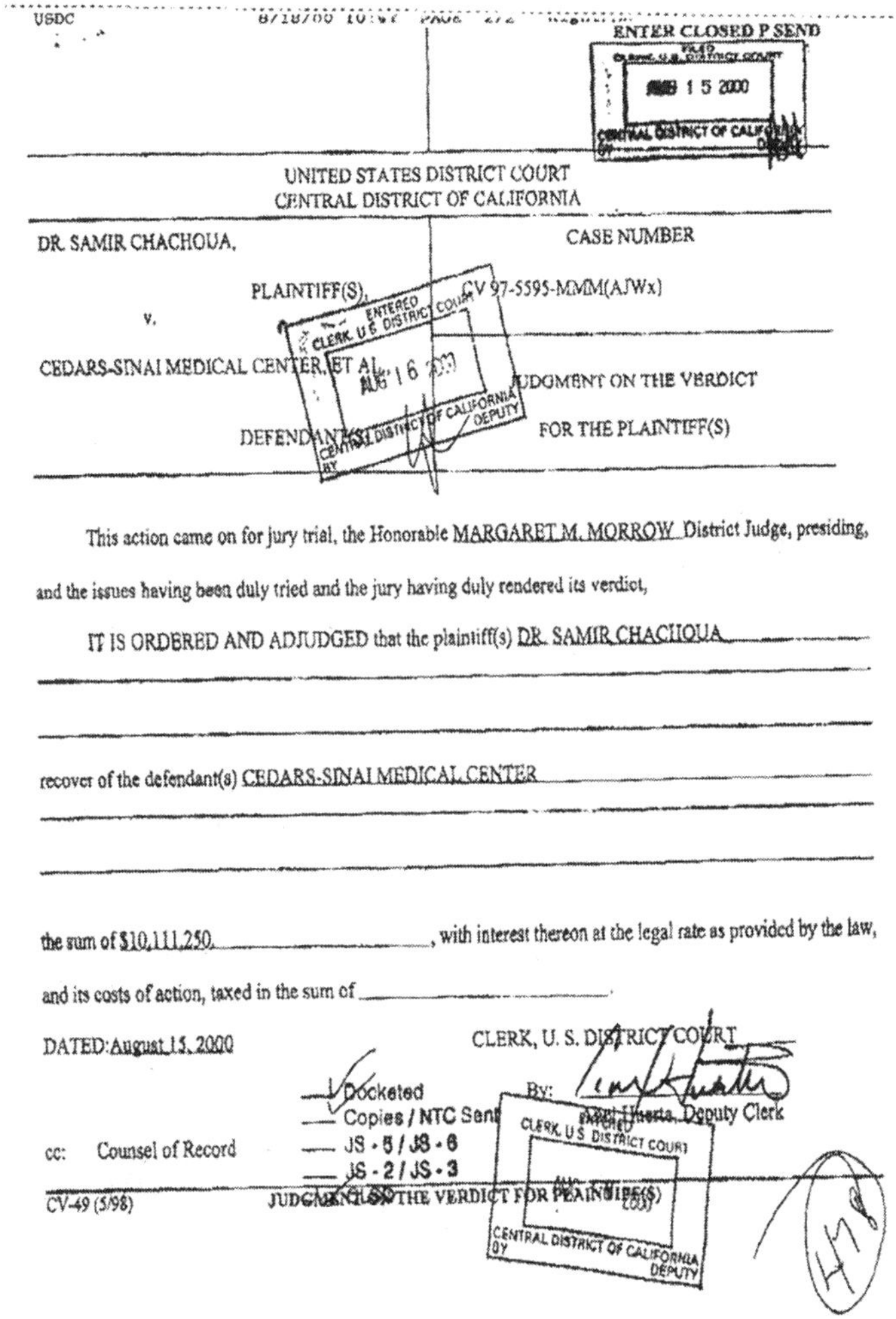

USDC 8/18/00 10:47 PAGE 2/2

ENTER CLOSED P SEND

FILED CLERK, U.S. DISTRICT COURT AUG 1 5 2000 CENTRAL DISTRICT OF CALIFORNIA BY DEPUTY

UNITED STATES DISTRICT COURT
CENTRAL DISTRICT OF CALIFORNIA

DR. SAMIR CHACHOUA, PLAINTIFF(S),

v.

CEDARS-SINAI MEDICAL CENTER, ET AL., DEFENDANT(S).

CASE NUMBER CV 97-5595-MMM(AJWx)

JUDGMENT ON THE VERDICT FOR THE PLAINTIFF(S)

ENTERED CLERK, U.S. DISTRICT COURT AUG 16 2000 CENTRAL DISTRICT OF CALIFORNIA BY DEPUTY

This action came on for jury trial, the Honorable MARGARET M. MORROW District Judge, presiding, and the issues having been duly tried and the jury having duly rendered its verdict,

IT IS ORDERED AND ADJUDGED that the plaintiff(s) DR. SAMIR CHACHOUA

recover of the defendant(s) CEDARS-SINAI MEDICAL CENTER

the sum of $10,111,250. ________, with interest thereon at the legal rate as provided by the law, and its costs of action, taxed in the sum of ________.

DATED: August 15, 2000

CLERK, U. S. DISTRICT COURT

By: Terri Huerta, Deputy Clerk

✓ Docketed
__ Copies / NTC Sent
__ JS - 5 / JS - 6
__ JS - 2 / JS - 3
__ CLSD

cc: Counsel of Record

CV-49 (5/98) JUDGMENT ON THE VERDICT FOR PLAINTIFF(S)

チャチョーワ博士に対する約1000万ドルの支払いを CSMC に命じた判決

さらに、コロラド大学、ストックホルム大学等の医療機関でも、チャチョーワ博士の研究とワクチンの効果が、臨床実験を含めて十分確認されていた。そして、このままいけば、チャチョーワ博士は20世紀最大の発見をした医学者として賞賛されるはずだった。

ところが、チャチョーワ博士の名声が広まると同時に、災難も彼を襲うことになった。メキシコのあるクリニックが、博士の名前を利用して、ワクチンと称する偽物を販売し始めたのだ。そのクリニックは患者にただの水道水を高額で売りつけていたのだが、数人の患者が死亡したために、メキシコ政府にクレームが届くほどの事態に発展した。博士はそのクリニックを訴えて、最終的にはそのクリニックは営業停止に追い込まれたのだが、博士にとっては、大きな打撃であった。それをきっかけに、UCLAとCSMCはチャチョーワ博士との関係を一切否定し、博士の信頼性に問題があるとして、過去に行われた実験データすら否定する態度に出たのである。

最も悪質だったのはCSMCで、博士の実験が順調に進むとわかった時点で、彼の理論を病院側が独自に発見したものとして、ジャーナルに掲載していた。しかも、99%以上という驚異的な治癒率を誇った臨床実験のデータ公表を拒み、博士が開発したワクチンの大半を没収までしているのだ。

そこで、秘匿《ひとく》されたデータの公表、奪われたワクチンの返還、そして名誉回復のためにも、チャチョーワ博士はCSMCを訴えたのである。裁判では、CSMCの言い分の矛盾が次々と暴露されたばかりか、博士のワクチンのおかげで奇跡的に癒された患者たちが証人になり、彼の信憑性《しんぴょうせい》が高まることとなった。傍聴者の中には、病院側を悪魔呼ばわりして騒ぐ人も現れた。

結局、チャチョーワ博士は勝訴したわけだが、それでも失ったものの方が大きかった。何しろ、膨大な時間、お金、労力をかけて開発した、大半のワクチンがなくなってしまったのである。一から製造を始めるには、少なくとも数年は要する。もっと早い時期に臨床実験のデータが公表されて、この治療法が普及していれば、どれだけ多くの命が救えたことか。そう考えると、これは博士個人ばかりでなく、全人類にとっても大きな損失だった。1000万ドルの賠償金程度で済まされる問題ではないのである。

世界の医療アカデミズムと医薬品業界に潜む謀略の構図

さらに、チャチョーワ博士に災難が襲った。CSMCは判決を不服として控訴すると、2001年9月には賠償金が1000万ドルから、初期の自己負担分である1万1000ドルに大幅に減額する判決が下ったのだ。その時の裁判官を、CSMCと共同研究を行ったUCLAの学部長の妻が務めていたことも不運だった。勝訴したとはいえ、この判決は事実上博士を破産させた。ワクチン開発に必要な生体すら購入できない金額であり、もはや彼には上告する資金も体力もなくなっていた。実のところ、博士は繰り返し脅迫を受け、命を狙われてきたのである。

チャチョーワ博士のガン研究への熱意も消え失せた。というのも、医薬品業界において、ガン治療薬こそが最大のベストセラー商品であり、効き過ぎるワクチン開発は敵視されることを痛感したからだ。そして、今後彼はアフリカやアジアで苦しむエイズ患者や心臓病患者のための研究を行っていきたいと考えるようになった。

2005年6月、幸いチャチョーワ博士は健康を回復し、何とか医師としての仕事も再開させた。ただし、ワクチンはラボに製造を発注しなければならないために高額となり、アメリカ国内での治療行為も制限されていることから、先の道のりは険しいものだった。

とはいえ、2011年10月までには、チャチョーワ博士のワクチンは大きく進化を遂げた。難病として知られる多発性硬化症は、驚くべきことに、たったのスプーン1~2杯を経口摂取するだけで完治するようになったという。それは、エイズに対しても同様だという。さらに注目すべきことは、ガンに対しては、1日スプーン3杯を6日間経口摂取するだけだという。もちろん、体に負担を与えるような手術の必要はない。

彼の血清・ワクチンはDNAレベルで効き、患者が抱えるあらゆる障害がこの血清・ワクチンによって改善する。多発性硬化症の患者においては、実際に脳と神経の障害すら修復される。ただし、筋萎縮性側索硬化症（ALS）に対しては、進行を止められるが、障害を修復することはできないという。

これらは、あまりにも信じがたいことである。だが、彼が繰り返し命を狙われてきた理由はそこにあるのも想像が付くだろう。

唯一の難点は、わずかスプーン1杯の血清・ワクチンに1万3000ドル（1ドル100円換算で約130万円）も要することである。その血清の中には、パラジウム錯体、金、プラチナなどの貴金属に加えて、興味深いことに、煮沸と放射線に耐えうる昆虫から得た酵素類が含まれている。

これらの酵素は、4分の1ポンド（約113・5グラム）で約100万ドル（1ドル100円換算で1億円）するという。当然、このような血清には保険も効かないため、高額となってしまうのだ。

通常、それらの酵素は、使われると体外に出ていく。だが、チャチョーワ博士はそれらを貴金属と結合させたことで、生涯体内に留まるようにした。それが再発防止に寄与しているというのだ。

一方、2013年12月までに判明したことだが、チャチョーワ博士はヒトには無害なヤギ関節炎脳炎ウィルス（CAEV）を含むヤギの乳が極めて安価なHIVワクチンになることも発見している。この背景には、メキシコのグアダラハラ近郊において、無防備な性生活を送る人々がHIVと無縁であることにチャチョーワ博士は気づいて、彼らがそんなヤギの乳を常飲していたことを突き止めたことがあった。ボトル一本分を飲めば、生涯HIVに感染することはないという。

なお、チャチョーワ博士のワクチン・血清等は年々進化を遂げており、ワクチン注射を数日から数週間続ける治療法が現在も行われているのかどうか、筆者には分からない。

現状、チャチョーワ博士の血清・ワクチンを使用したい方は、まず医師を説得し、医師に取り寄せてもらう必要がある。様々な嫌がらせを受けてきたチャチョーワ博士は、現在、多くのボランティアや元患者らによって助けられ、守られている。そのため、彼と直接連絡を取ることは難しい。

第一章　ガン、エイズを治癒させる究極のワクチンが握り潰された!?
　　――治癒率99％の治療法が医薬品業界に与えた衝撃

65

振り返れば、チャチョーワ博士に災難をもたらしたのは、過去に例のないユニークな研究を支持しないアカデミズムの世界と、効果のあり過ぎる治療法を歓迎できない巨大な医療業界であることは間違いない。その証拠に、チャチョーワ博士の研究を支持してきた世界各地の医療機関が、突然態度を一変させ、口を揃えて直接博士と関係のない医療機関やニュース・メディアまでもが一斉に彼を非難した。また、メキシコの移民局の役人は、何者かに金銭提供を受け、博士を拘留し、脅迫している（のちにその役人は投獄されている）。

どうやら世界中に監視機関が存在し、効果のあり過ぎる治療法の発見や、歴史を覆《くつがえ》す発見が行われると、そのような研究者の信用を貶める手段が瞬時に講じられ、専門の研究機関はそれに関わらないよう通達を受ける現状があるようだ。そもそも、医学的大発見をするのが大きな医療機関の研究者に限られていること自体、不自然だ。チャチョーワ博士のように、自らの努力で資金を得て、研究を続けてきた個人の発見が大きく報道されることはないのである。医療機関自体が一種の監視機関として機能し、そのような機関に所属せずして、世界に研究成果を公表することすら困難な状況が存在するのは、まことに残念なことである。

筆者は、医薬品業界において不条理なケースをいくつも見てきており、これは氷山の一角に過ぎない。今我々ジャーナリストに求められるのは真実の情報を追い続け、それを白日のもとにさらすことである。そして、チャチョーワ博士のように、たとえ従来の常識を逸脱したものであっても、現実に効果の表れている研究に対してはサポートしていく姿勢も重要だ。アカデミズムの世界や産業界に存在するメンツや利害関係を超えて、人類全体への恩恵を第一に考え、有能な研究者たちに十分な環境を与えることが要求されるだろう。

そもそもマラリアが存在した地域にはガンという病気はほとんどなかった。ひとたびマラリアを排除するために、沼地をなくし、蚊を退治すると、ガンの発生率は高まった。最終的に人間の病気治療に答えを与えるかは、自然界に存在する動植物にある。しかし、その薬を生む地球環境は、今も破壊されつつある。自分の父親をガンで亡くしたばかりか、救えたはずの多くの人々を助けられず、医療業界から執拗《しつよう》な攻撃を受け、健康までも害してきたチャチョーワ博士だが、彼が残してくれたものは、人類の生存には自然環境との共生が不可欠であるという重要なメッセージなのかもしれない。

※本稿は、サム・チャチョーワ博士（Dr. Sam Chachoua）の研究成果や訴訟を報じた米・豪のメディアや彼自身の言葉を参考にまとめたものだ。筆者はジャーナリストとして、海外での出来事を紹介したわけであり、読者に治療等の助言を行うことはできない。筆者や編集部に問い合わせいただいても詳細な情報は提供できない旨、ご理解頂きたい。なお、ガン治療に関しては、簡単で安価な自己療法も多く存在する。そんな現実や、チャチョーワ博士の研究のさらなる詳細については、２０１４年刊行の拙著『底なしの闇の［癌ビジネス］』（ヒカルランド）を参照いただきたい。

第二章

不死身の生物ソマチッドは
いかに医薬品業界を震撼させたか
――万病に効く免疫強化製剤の開発過程で行われた妨害工作

高性能光学顕微鏡が、遂に〝生命治癒の根源〟ソマチッドを捉えた

この地球には、不死身の生物が存在する。

研究者はこれまでありとあらゆる過酷な条件下で試験を繰り返してきたが、その生物を殺すことはできなかった。摂氏200度以上の炭化処理温度下でも、高度の強酸に曝《さら》されても、びくともしなかった。また、ダイアモンドのナイフでも傷付けることができず、5万レムの放射線でも死ななかった。

実は、その生物は我々の血液中に存在している。それどころか、動物の血液や植物の樹液の中など自然界のいたるところに、太古の昔から延々と生き続けているのだ。

1924年にフランスで生まれた生物学者ガストン・ネサン氏は、1950年代にその不死身の微小生物をヒトの血液中に発見した。しかし、その存在を発見したのは彼が最初ではないのだが、それは生物ではなく、脂肪滴やゴミがブラウン運動したものと考えられてきたため、医学界では無視されていたのである。

天才的発明家ともいえるネサン氏は、20代半ばにして倍率3万倍で分解能150オングストロームという、驚異的な光学顕微鏡の制作に成功した。その光学顕微鏡はソマトスコープと命名され、

ガストン・ネサン氏とソマトスコープ　Christian Lamontagne
『完全なる治癒』（徳間書店）より

生体を生きたまま観察できる顕微鏡としては世界最高峰の精度を誇った。そのソマトスコープのお陰で、血液中のゴミとして無視されてきた物体が、実は生物であったことが判明したのだ。そして、彼はその生物をソマチッド（小体）と命名した。

今から半世紀以上前にソマトスコープという高性能光学顕微鏡を開発しただけでも歴史に名を残すに値するものだが、それに加えて、ネサン氏は不死身の生物ソマチッドをも発見した。しかし、彼はその程度のことで満足しなかった。ソマトスコープ開発の意味することや、特許を取ることにも関心はなかった。彼の目的は、ソマチッドの研究を通じて生命の神秘に迫り、病人を癒すことにあったからだ。そして、彼はさらなる大発見をしていくことになった。

神秘なるソマチッド・サイクルから導かれた夢の免疫強化製剤

ネサン氏の業績は、高性能光学顕微鏡の開発や不死身の生物ソマチッドの発見だけではない。ソマチッドが我々の健康ばかりか、あらゆる生命の健康に深く関わっていることを突き止めたのだ。

ネサン氏はソマチッドの観察を通じて、次のような事実を見出した。

ソマチッドは、負の電荷を帯びて互いに反発しあいながら、振動を繰り返している。健康な人のソマチッドは形態を三段階に変化させるサイクルを持ち（P74の①～③）、ソマチッドが血液中に

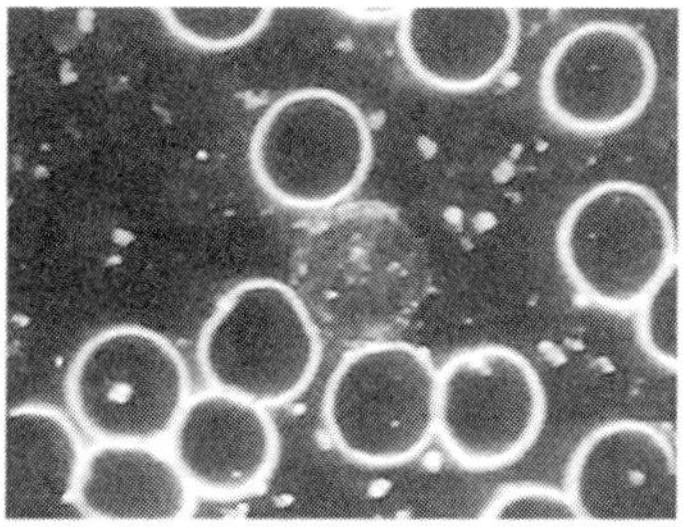

赤血球と白血球の周囲にさまざまな段階のソマチッドがみられる

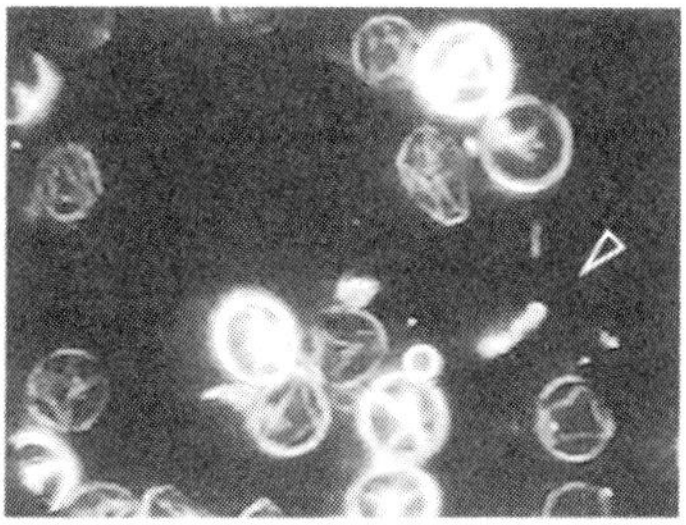

ソマチッド・サイクルの棒状形態（矢印）が見える

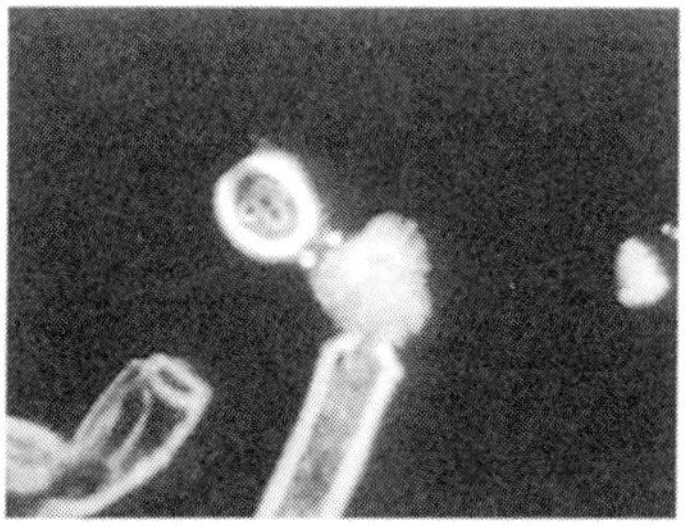

ソマチッド・サイクルの終わり。破裂して新しいソマチッドを放出している。

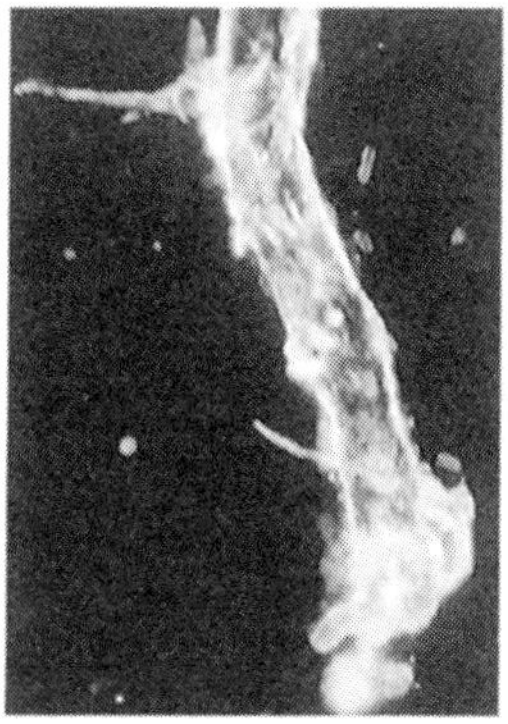

菌糸体形態の廃棄物。これが血中に増えると退行性疾患の前兆となる。

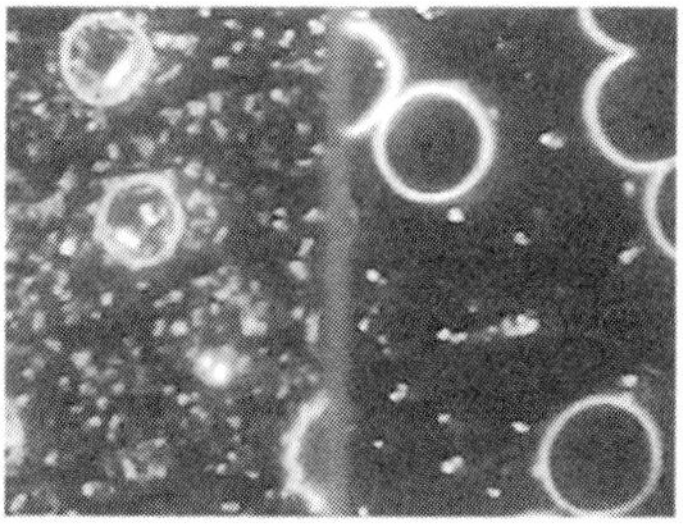

左側：非常に健康。ソマチッドが大量にみられる。
右側：通常の健康状態。

SOMATIDIAN ORTHOBIOLOGY Part 1より

『完全なる治癒』（徳間書店）より

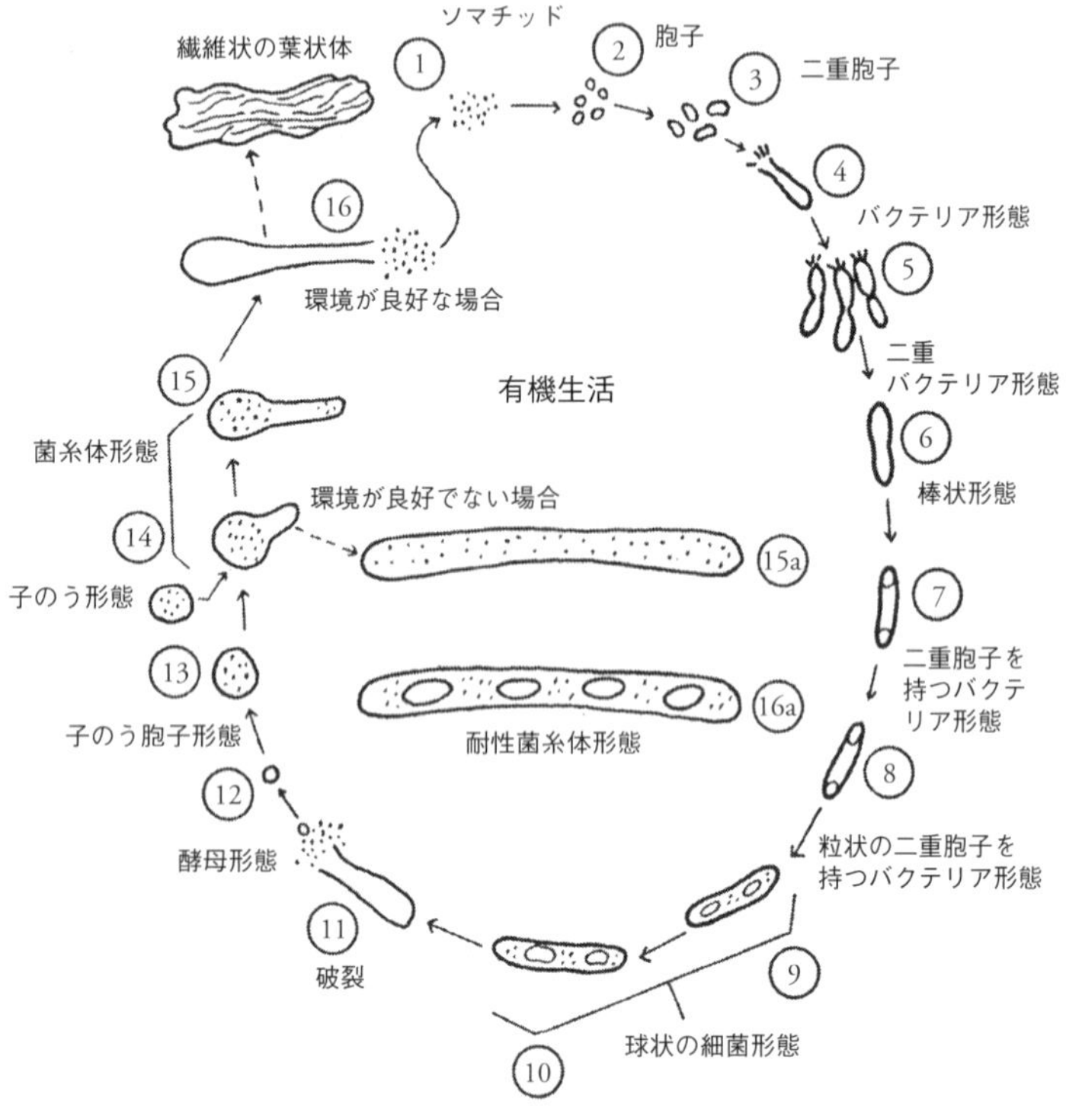

ソマチッド
1
2
胞子
3
二重胞子
4
バクテリア形態
5
二重
バクテリア形態
6
棒状形態
7
二重胞子を
持つバクテ
リア形態
8
粒状の二重胞子を
持つバクテリア形態
9
球状の細菌形態
10
11
破裂
12
酵母形態
13
子のう胞子形態
子のう形態
14
菌糸体形態
15
15a
16a
耐性菌糸体形態
環境が良好でない場合
16
環境が良好な場合
繊維状の葉状体
有機生活

ソマチッド・サイクル

多く発見されるほど、その人はより健康であることもわかった。

しかし、人間や動植物の免疫力が弱まると、その三段階の正常なソマチッド・サイクルが崩れ、12〜18ヵ月後にガンなどの変性疾患を発症する。具体的には、図の④〜⑯の13の形態を加えて、最多で計16段階のサイクルを持つようになるのである。

このことから、正常なサイクルを持った健康なソマチッドを投与することで、ヒトの免疫機能を強化できることにネサン氏は気付いた。そして、ガンやエイズばかりか、様々な病気に対して大きな効果を上げた免疫強化製剤714Xの開発に成功したのだ。

714Xは、東アジアに生息するクスノキが産生する天然の物質カンファー（樟脳《しょうのう》）を原料としている。それは多くの医薬品のように筋肉や静脈内に注射するのではなく、鼠蹊《そけい》リンパ節に注射し、リンパ系に循環させることで効力を発揮する。

多くの医師は、リンパ内注射は不可能であると考えており、ネサン氏の研究自体がインチキだと主張してきた。だが、リンパ内注射は可能などころか、現実にはリンパ節の見つけ方さえ正しく学べば、医師のように安全に注射器を取り扱う知識と技術を有する専門家には、まったく難しいことではない（筆者も専門家の指導を受けてアメリカで体験済みだ）。

そして、そのカンファー製剤714Xは、実にガン患者の75％を完治させ、エイズなどの難病患者にも劇的な効果を上げている。先に紹介したサム・チャチョーワ博士のワクチンのように、特定の病気に対してさらに高い治癒率を誇るワクチンは存在しても、すべての病気に対応する免疫強化製剤一つで、75％の治癒率は驚異的な数字である。2003年11月の時点で、2万7800本の714Xが1495人の医師の元に供給され、4025人の患者がその恩恵に与《あずか》っている。それから約4年経過した現在では、さらにその数は増加しているものと思われる。

神の領域へ「DNAとソマチッドの連関したメカニズム」解明のとき

ネサン氏によると、ソマチッドがいなければ、生命は存在すらし得ないという。そして、ソマチッドは生命の死により、消滅するものでもない。

ルイ・パストゥールの陰に隠れて業績が評価されずに来た19世紀のフランスの学者アントワーヌ・ベシャンも、ソマチッドと思われる微小生物を100年以上前に発見している。しかも、哺乳動物が初めて地球上に現れた6000万年前の新生代第三紀の石灰岩中にも、その存在を発見していたのだ。

ネサン氏はこう言っている。

「ぜひ月の岩石のサンプルを手に入れて、私の顕微鏡で調べてみたいものだ。その中にソマチッドが見つかるかもしれない。地球上に存在するのと同じ原始的な生命の痕跡が……」

この地球において太古から存在しているソマチッドは、今後人類が絶滅しても、地球に存続する可能性は高い。地球外の惑星においても、その可能性は無視できないのだ。

　そして、ネサン氏ばかりか一部の科学者は、ソマチッドはＤＮＡの前駆物質であり、これこそがＤＮＡのミッシング・リンクを提供できると考えている。

　実は、ネサン氏より30年も遡った１９２０年代のアメリカで、ソマトスコープ並みの顕微鏡を開発していた人物がいる。ロイヤル・レイモンド・ライフ氏である。そのライフ氏もまた、ソマチッドを発見していた。そして、ソマチッドの観察によって、「細菌は病気の原因ではなく、結果である」と結論を下しているのだが、病気の原因は体外から進入するというパストゥールの見解が医学界で支配的となると、ライフ氏の主張は忘れられていった。

　ライフ氏の主張は、ソマチッドを見る限り、的を射ている一面もある。というのも、体調が崩れて加わることになるソマチッドの13段階を見ると、興味深いことにバクテリアや真菌類と似た形態をしており、このことはそれらと同じようなものが体内で生み出されることを示しているからだ。つまり、ストレスや生活習慣などからヒトの免疫《めんえき》力が弱まると、ソマチッドは形態を変化させて、宿主《しゅくしゅ》である

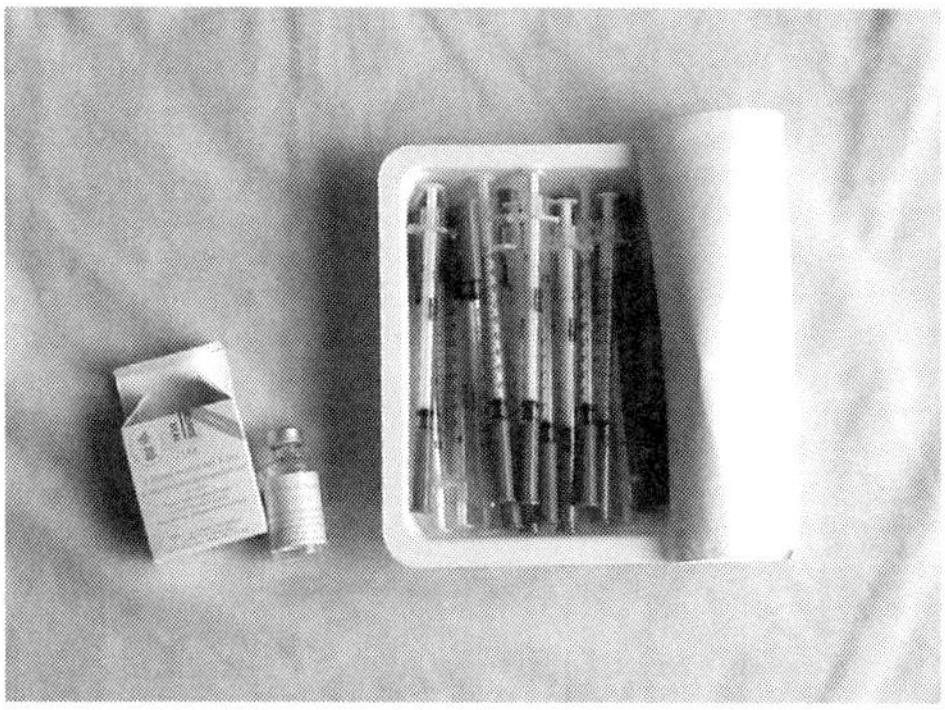

ガストン・ネサン氏が開発した免疫強化製剤714Xと注射器

肉体を破壊していくのである。

もちろん、外界からウィルスや細菌が体内に侵入することで健康を害することも少なくない。ソマチッドとウィルスの違いについて、共同研究者でもあるネサン夫人は次のように説明する。

「ウィルスが生存し続けるには、それを支える環境が必要です。例えば、人工的な試験管培養とか卵のような自然の環境などですね。ウィルスが成長するためには、生体内か試験管内でこの種の支え、つまり、〈援助の手〉が必要なのです。ところがソマチッドは、生体内でも試験管内でも独自に生きることができる。これは、ウィルスはDNAを持つのに対し、ソマチッドは前にも述べたように、DNAの前駆物質、つまりDNAの前身であるという事実と関係があります」

さらに、次のように続けている。

「私たちはソマチッドは〈エネルギーの具現〉であるという結論に達しました。ソマチッドは生命が〈最初に分化した〉具体的な形態であり、動植物の生きた生体に伝達できる遺伝的特質を持っています。この結論に達したのは、ソマチッドの最初の正常な三形態がないと細胞分裂が起きないということを発見したからです。ではなぜソマチッドがないと細胞分裂が起きないのかというと、細胞分裂を起こす特別な成長ホルモンを産生するのは実はソマチッドの最初の三形態だからです。そのホルモンはノーベル賞受賞者のフランス人、アレクシス・カレルが何年も前に発見してトレフォンと名付けた物質に、ほぼ等しいといえると思います」（クリストファー・バード著『完全なる治癒』〈徳間書店〉より）

これを裏付けるために、ネサン夫人は次のような実験を行っていた。

解体直後の新鮮な肉片に、試験管内で培養したソマチッドを注入する。それを真空状態の密閉容器に入れ、窓辺において、日中は自然の太陽光に曝す。すると、その肉片は腐ることもなく、健康色を保ち、まるで生きた有機体のように次第に大きくなっていったのだ。

その話を聞いた、生物学や代替《だいたい》医療に詳しい研究家のクリストファー・バード氏は、さらに電気的な刺激を与えればどんどん成長を続け、解体前の動物として蘇るのではないかという、馬鹿げた思いをめぐらせたという。

しかし、この想像はそれほど馬鹿げたものではない。例えば、ロバート・ベッカー博士は、患部をマイナスに帯電させるように電気的な刺激を与えることで、サンショウウオの四肢を飛躍的に再生させる実験に成功しているのだ。ソマチッドは負の電荷を帯びており、アルカリ性の環境下で生命力を増すことがわかっている。今後ＤＮＡの前駆物質と思われるソマチッドの解明が進み、加えるべき電気的な刺激についても研究が進めば、ひょっとすると、ヒトが失った手足や臓器を取り戻すことすら可能になるかもしれない。

ネサン氏は、ソマチッドがＤＮＡのキャリアーでもあると推測している。ソマチッドはＤＮＡすら修復して、生命に息吹を与えてしまう奇跡の微小生物なのである。

行政・医学界・製薬業界からの執拗な攻撃と迫害

これまでガストン・ネサン氏の輝かしき業績に関して記してきたが、実のところ、彼は極めて苦難の人生を歩んできた。714Xの開発にいたる前に、彼はフランスにおいて他の製剤も開発し、多くのガン患者を救ってきた。彼の成功が注目されるようになると、医師会を敵に回すことになった。不当な理由で訴えられ、多額の罰金を支払った。研究室は閉鎖され、器具類も没収された。こうして、コルシカ島へと居を移さざるを得なくなったのだ。

ところが、その1週間後には、数百人もの患者がネサン氏を追って、コルシカ島に押し寄せてきた。すると、またネサン氏はフランス医師会からさらなる攻撃を受け、取り調べまで受けている。何とかそれを切り抜けたネサン氏は、思い切ってフランス語圏であるカナダのケベック州へと移住したのだが、そこでも同様の苦難を味わうことになった。

ネサン氏の研究が業界で注目を集め始めると、カナダの製薬業界は彼の研究を妨害しはじめた。1989年5月、彼は突然逮捕され、刑務所に収容された。罪状は、医師の免許なしに患者の治療にあたり、ある女性患者を死亡させたこと。しかし、実際にはその女性は病院による化学療法を拒み、714Xによる治療を自ら望んだ末期患者であり、もはや手遅れだったのだ。また、学位は戦後の混乱で発行してもらっていなかった。

最終的に、ネサン氏は裁判で身の潔白を証明した。ネサン氏の研究を高く評価した一部の人々や、ネサン氏の免疫強化製剤で奇跡的に回復した元患者たちが、彼を救ったのである。長い間、カナダをはじめ、ほとんどの国々で714Xを医師が処方することは認められていなかったが、90年代に入り、ようやくカナダ国内では、医師がカナダ保健省に714Xの使用を求めた場合に限り、接種が許されるようになった。

しかし、アメリカの事情は違った。1992年、FDA（米国食品医薬品局）は714Xの輸入に関して、個人使用に関しても認めない警告を発し、その2年後にはFDAのエージェントが、714Xに関する情報を提供した会社の手入れを行っている。

それでも、数年前、ようやくアメリカでも714Xを個人輸入することが可能となり、筆者もアメリカ在住時の2003年に714Xを体験している。そして、今では大半の国に714Xの輸出が可能となっており、状況は完全に好転したかに思われた。

ところが、カナダ国内では新たな問題が持ち上がった。カナダ保健省は714Xを認可しているにもかかわらず、医師がカナダ保健省にリクエストを出しても、それが拒否されたり、利用許可がおりるまで半年以上要するというような事態が横行していたのだ。その状況に業を煮やした患者グループは、2004年にカナダ保健省を相手にカナダ連邦裁判所に訴えた。そして、2006年7月にようやく彼らの訴えが認められたのだが、カナダ保健省の対応が改善されたのかどうか、さらに見極めていく必要がありそうだ。

ソマチッド発見の日本人医師も業績を抹殺されていた

実は、ガストン・ネサン氏がソマチッドを発見した1950年代に、ソマチッドと同一の存在を血液中に発見した日本人医師がいた。長野県茅野市立病院長を務めた故牛山篤夫博士である。ネサン氏と違って高性能顕微鏡がなかったために、ソマチッドの詳細を確認することはできなかったが、次のような見解を持っていたことは注目に値する。

「ガンの中には菌が二種類存在する。一つはガンを発育させる菌。もう一つは、それに対して戦いを挑む菌。

戦いを挑む菌が疲弊して戦いに敗れた時、ガンは急速に発達していく」

そして、驚くべきことに、牛山博士は戦いを挑む菌であるソマチッドを培養し、SICと命名された薬剤を開発していたのである。さらに、30以上の病院で数千件の臨床実験を行っており、714Xの治癒率75%という驚異的な数字には及ばなかったものの、非常に大きな効果を上げていた。

もちろん、714X同様にSICにも副作用はなかった。

しかし、血液中に菌のような微小生物が存在するという牛山博士の主張は、当時の医学界の常識からはあまりにも逸脱していた。そして、ガストン・ネサン氏が苦難を味わったのと同様に、権威ある学者たちがその説を否定したことにより、牛山博士の研究成果は医学界から抹殺されることとなったのだ。

そのため、牛山博士の偉業を把握している人は今ではほとんど存在しない。

日本で継承されるソマチッド研究の行方

1997年にガストン・ネサン氏の研究と法廷闘争の行方を伝えた『完全なる治癒』（クリストファー・バード著、徳間書店刊）が出版されて以来、日本でもソマチッドに関心を抱く医療関係者が現れた。帯津三敬病院名誉院長の帯津良一博士やCLI内科皮膚科診療所・元理事長の森時孝博士は、カナダにいるネサン氏を訪問し、治療に役立てるべくソマチッドの観察を行っている。また、ネサン氏に影響を受けた福村一郎氏は、ソマチッドの存在と生態を確認し、さらに研究を進めた。そして、2004年にナチュラルクリニック代々木院長の宗像久男博士とともに『古代生命体ソマチットの謎』（冬青社）を記した。

福村氏は、次のようなことを確認している。

①ソマチッドは地球上最古の原始生物であり、当時地球上にあった元素のうち、水素（電子）をエ

ネルギー源として活動した。

②ソマチッドは不死であり、細菌やウィルスとは別の生命体である。

③ソマチッドは環境の変化に応じて、種々の形態をとり、その環境が気にいらない場合、周囲の基質を利用して殻を形成するという避難行動をとる（休眠状態で数千万年以上は生きながらえる）。

④ソマチッドを活性化することは、宿主を健康にすることと一致し、人の免疫力の強弱と血漿中におけるソマチッドの増減は比例する。

⑤人の白血球はソマチッドを抗原とはみなさない。

⑥ソマチッドは尿から排泄される。

⑦ソマチッドはＤＮＡの基質であるタンパク質を合成する。

福村氏の研究で特に注目すべきは、古代のソマチッドの方が現代のソマチッドよりも生命力が強いという点だ。現代のソマチッドは過酷な環境に曝されると、比較的早い段階で殻を形成して避難行動をとるのに対して、古代のソマチッドには強い生命力があり、なかなか避難行動に移らないのである。

この発見は、２５００万年前の化石から取り出したソマチッドと、現代の動植物から取り出したソマチッドを比較したことで確認されたという。現代のソマチッドが弱体化してしまっているのは環境破壊と関係しているように思われるが、古代の化石中に発見されたソマチッドや、原初の状態が保たれた自然環境に存在するソマチッドを体内に取り込むことで、ヒトの免疫力を高められる可能性が検討課題に持ち上がるだろう。

　このように、故牛山篤夫博士やガストン・ネサン氏が先駆となったソマチッド研究は日本の研究者によって継承されており、2005年には「日本ソマチッド学会」も設立された。ソマチッドを研究することは、あらゆる生命の健康の鍵を見つけることであり、生命の神秘にも迫るものである。これまでの医学では、すでに発症してしまった病気に対処する術を探ることが重視され、病気が発生するメカニズムや予防の面においては、意外にも生物学の世界がリードしてきたといえるかもしれない。

THE PERSECUTION AND TRIAL OF
GASTON NAESSENS
CHRISTOPHER BIRD
ガストン・ネサンの
ソマチッド新生物学
完全なる治癒
クリストファー・バード
上野圭一［監訳］／小谷まさ代［訳］
ガン・難病治療に
革命をもたらす
生物学者ネサンの大発見［DNAの前駆物質・ソマチッド］に基づく根元的治療法を
世界的ベストセラー『植物の神秘生活』の著者が渾身のレポート――。
帯津三敬病院院長
医学博士
帯津良一氏推薦
徳間書店◆定価：本体1900円＋税

クリストファー・バード著『完全なる治癒』（徳間書店）

　ところで、ネサン氏の発見の中で、もう一つ興味深いことがあった。人が精神的に落ち込んだり、腹を立てたり、不満を持ったり、意識がネガティブになると、正常の3段階のサイクルが崩れて、バクテリアや細菌に似た形態のソマチッド・サイクルが現れる。それに対して、人が喜びや感謝といったポジティブな意識を持つと、ソマチッドが増え、そのサイクルも改善されるのだ。

このことは、ある意味、我々は自らの意識で病気を作り上げてしまっていることを示唆している。つまり、「病は気から」という言葉は科学的な真理だということになる。そして、意識の変化によって、血液環境の変化とともにソマチッドは増減するため、結局、ソマチッドは健康の先駆的バロメーターになることが分かったのである。

※医師ではない筆者は、読者に治療等の助言を行うことはできない。筆者や編集部に問い合わせいただいても詳細な情報は提供できない旨、ご理解いただきたい。ガストン・ネサン氏が開発したカンファー製剤714Xの注射は、専門知識と技術を有しない素人には極めて危険なため、安易に入手・使用しないよう警告しておく。医療関係者は、CERBE Distribution Inc.（http://www.cerbe.com/）に直接指示を仰いでいただきたい。

※714Xはワクチンではなく、免疫強化剤である。つまり、病気の原因となる生活習慣（食、睡眠、運動等）や思考習慣をまったく修正することなく、714Xを摂取しても、あまり効果は期待できないだろう。ガン治癒率75％の対象となった人々は、過去に様々な治療や生活習慣の改善に努力する過程を経て最終的に利用に至ったケースが多いと思われる。物事を深刻に考えがちな日本人にも治癒率75％という数字がそのまま適用されるとは筆者は考えていない。

Part Ⅱ

改善されない不都合な食文化の超真相

第三章

現代の食品を支える電子レンジが危ない？

――疑われる栄養素の変質と人体への悪影響を検証する

ナチス・ドイツに研究開発されたといわれる電子レンジ

本稿の主人公ハンス・ハーツェル氏によると、そもそも電子レンジは、ナチス・ドイツがソビエト連邦との交戦に備え、多数の軍人に容易に食料を供給するために研究・開発されたものだという。第二次大戦後、連合国が電子レンジとその関連資料を発見すると、アメリカ軍は本国の合衆国戦争省にそれらを輸送し、極秘に科学的な調査を行った。これをベースに、1947年にレイセオン社が一般向けにアメリカで販売をはじめ、急速に世界中に普及していったというのが、もはや確認できない闇の歴史だとされる。

今日では、電子レンジは、使ったことのない人を探す方が難しいくらい全世界に普及した必需品ともいえる。特に近年の日本では、電子レンジを駆使して手間を省く料理法が人気を得ており、電子レンジは個人消費者ばかりか、食品業界にとっても重要な存在となっている。

ところが、その電子レンジが我々に害をもたらす可能性はかなり前から世界各地で議論されてきた。例えば、電子レンジから漏れ出る電磁波が人体に与える悪影響が指摘され、これに関しては改善されてきた。また、電子レンジによる加熱で食品に含まれる栄養価が減少することも、様々な科学者が報告している。これらは読者もご存知と思われるが、これから紹介するのは、それとは比較にならないほど深刻な話である。

輸血用血液を温めて発生した死亡事故が意味するもの

1989年、ミネソタ大学のあるグループが、電子レンジの危険に関してラジオで次のような警告を発した。

「電子レンジはスピーディに食べ物を温めますが、哺乳びんを温めることはお勧めできません。外側は冷たくても、中のミルクは極めて熱く、赤ちゃんの口やのどをやけどさせる恐れがあります。ミルクそのものも変質して、乳幼児に必要なビタミンが多少損われたり、母乳の場合、保護成分を破壊してしまうかもしれません。哺乳びんは湯煎で温め、手で温度を確かめた上で、ミルクを腕に数滴垂らして味見をしてから与えた方が良いでしょう」

危険性が指摘されているだけではない。実際に、深刻な問題が起こっているのだ。

1991年、アメリカのオクラホマ州で、ノーマ・レヴィットという女性が腰の手術で輸血を受け、死亡する事件があった。原因は、看護師が輸血用の血液を電子レンジで温めたことだった。輸血用血液は、事前に温められるのが通例だが、もちろん電子レンジが使用されることはない。電子レンジで温められた血液は、正常な血液には存在している重要な「何か」を失うか、有害な「何か」を発生するかして、彼女を死に至らしめたと考えられる。つまり、電子レンジが単純にモノを温めるだけの働きをしているわけではないという事実を、この事件は露呈したのである。

栄養分の変質が人体の血液に悪影響をもたらす⁉

スイスのバーゼル近くに住むハンス・ハーツェル氏（以下敬称略）は、スイスの大手食品会社に勤めていた科学者で、本稿の主要な情報をもたらした人物である。十数年前、彼は自分が勤めていた会社が、加工の過程で食品を変質させてしまっていることに気付いた。世界中の人々が口にする食品の安全性に関して、科学者として強い責任を感じていた彼は、その現状に我慢できず、問題点を上司に指摘した。すると、彼はその会社を解雇されてしまった。

ハーツェルは、電子レンジによって食品がどのように変化し、どのように人体に影響を与えるかを研究した第一人者である。彼が到達した結論を先に述べると、電子レンジで加熱・調理された食品の栄養分は変質し、ヒトの血液にも変化をもたらす。その変化は決して健康的な変化ではなく、人体の機能を悪化させ得る変化であった。

電子レンジの危険性を危惧《きぐ》していたのは、ハーツェルだけではなかった。スイス・フェデラル・インスティテュート・オブ・テクノロジーとユニバーシティー・インスティテュート・フォー・バイオケミストリーに勤めるバーナード・H・ブランク氏（以下敬称略）である。

ハーツェルとブランクは、スイスのキエンテルにあるマクロバイオティック・インスティテュートの6人の被験者を加えた計8人で、最初の実験を行った。

驚くべき実験の詳細

まず、電子レンジで温められた食品を口にすることで、人体にどのような変化が起こるかを厳密に測定する必要があった。8週間、全員同じホテルに滞在し、その間、タバコ、アルコール、セックスなしの条件で過ごした。ハーツェルは当時64歳、他の参加者は20代と30代。実験は、2日から5日の間隔で、被験者たちは次の食物サンプルのうち一つを空腹時に与えられる。

1. 生の牛乳
2. 通常の加熱方法で温めた牛乳
3. パスツール滅菌された牛乳
4. 生の牛乳を電子レンジで温めたもの
5. 有機農場からの生の野菜

6. 通常の加熱方法で調理された野菜
7. 冷凍後に電子レンジで解凍した野菜
8. 電子レンジで加熱調理した野菜

実験では牛乳や野菜はいずれも同じものが使用され、被験者からは、食前と食後に採血した。結果は驚くべきもので、電子レンジを利用した食物サンプルを摂った被験者には大きな変化が現れた。ヘモグロビン値の減少とコレステロール値の増加、そして白血球が短時間ではっきりと変化することも確認されたのだ。また、〈電子レンジのエネルギー量〉と〈被験者の血清に曝される発光バクテリアの発光力〉との間に関連性があることもわかった。

さらに詳細に検査すべく、彼らは期間を延ばして、別の実験も行っている。被験者たちからは、食事の直前、食後15分後、食後2時間後に採取した血液から赤血球、各種ヘモグロビン、白血球、リンパ球、鉄分、総コレステロール、善玉コレステロール、悪玉コレステロールを測定した。

電子レンジを利用したサンプルを食べた被験者から測定された赤血球、ヘモグロビン、ヘマトクリット、白血球は、正常の範囲内ではあったものの、かなり低く、これは貧血症*を引き起こしやすいことを示していた（＊貧血とは、体内の各臓器や組織に酸素を供給する血液中のヘモグロビンが減少して、体内が酸欠状態になること）。

通常、白血球数は日々の偏った食事で簡単に変化するようなものではないといわれている。しかし、電子レンジで調理された野菜を食べた被験者の白血球は明らかに増加傾向を示していた（註、白血球数の変化に一定の法則は認められず、さらなる検証が求められる）。

実験を始めて2ヵ月を経過すると、こうした変化はさらに顕著に表れた。特に興味深いのは、コレステロール値の増加である。通常、コレステロールはゆっくりとしたスピードで変化するものと医学界では認識しているが、ハーツェルの行った実験では、電子レンジで調理された野菜を食べた直後に急速に増加に転じた。ただし、牛乳の場合は、コレステロール値は同じレベルに留まった。

もちろん、頻繁に血液を採取されたことによる被験者のストレスも無視できない。しかし、各個人のベースラインをゼロ値として、そのゼロ値からの変化を統計的に出したため、大きな誤差は考えられない。

ハーツェルは、コレステロールが増加する原因は、食べ物自体に含まれるコレステロールにあるのではなく、むしろ他から来ていると考えた。なぜなら、ほとんどコレステロールの含まれない食べ物、つまり、電子レンジで調理された野菜を食べたことでもコレステロールの増加が表れたからである。これが意味することは極めて重要だ。食品に含まれる栄養価が電子レンジでの加熱で減少するだけではなく、人体に悪影響を与えることがわかったからである。

1950年代から人体への影響を研究していたロシア

実は、ロシアでは1957年という早い時期から電子レンジの人体への影響が研究されてきた。ベラルーシのクリンスクにあるインスティテュート・オブ・ラジオ・テクノロジー（無線技術研究所）は、次のような結論を下している。

①電子レンジで調理された肉は、発ガン性物質として有名なd－ニトロソジサノラミン（d-Nitrosodiethanolamine）を生み出した。
②電子レンジで牛乳と穀物を調理すると、発ガン性をもったある種のアミノ酸を作り出した。
③マイクロ波の放射は、グルコシドとガラクトシド（解凍された際の冷凍フルーツ内の成分）の分解作用においても変化を引き起こした。
④生、調理済み、あるいは冷凍野菜がわずかな時間曝されるだけでも、マイクロ波は植物塩基（アルカロイド）の分解作用を変えてしまった。
⑤生の根菜などに含まれる特定の微量ミネラルの分子構造内で、発ガン性の遊離基が形成された。
⑥電子レンジで調理された食物の摂取により、血液中により多くの発ガン性細胞が生み出された。

⑦食物成分中の化学的変質が理由で、ガンの成長に対抗しようとする自らの免疫システムが衰え、リンパ系で機能障害を起こした。

⑧電子レンジで調理された食物の不安定な分解代謝は、基本的な食物成分を変質させ、消化器系の障害をもたらした。

⑨電子レンジで調理された食物を摂取する人は、統計的に高い胃ガン・腸ガンの発生率を示し、さらに、消化・排泄機能がゆるやかに低下して、末梢細胞組織が破壊されていく傾向がみられた。

⑩マイクロ波の放射は、特に次のように、すべての食物の栄養価を著しく落とした。

・ビタミンB群、ビタミンC、ビタミンE、必須ミネラル、向脂肪性栄養物の生物学的利用性の減少

・肉に含まれる核タンパク質の栄養価の破壊

・アルカロイド、グルコシド、ガラクトシド、ニトリロシド（フルーツと野菜に含まれる基本的な植物成分）の代謝の低下

・すべての食物において、構造的破壊の加速が顕著に見られた

以上のことから、ロシアでは1976年に電子レンジの使用が禁じられたのである。今から30年以上前に、ロシアではこれだけのデータを根拠に政府が電子レンジの使用を禁じていたわけだが、そのような情報は西側諸国に伝わることはなかったのだろうか。

その後のペレストロイカによりこの禁は解かれ、現在はロシアでも電子レンジの使用は許されているのだが、そうした判断を下した根拠は明らかにされていない。これが前進だったのか、後退だったのか、意見が分かれるところだろう。

マイクロ波を利用したメカニズムの安全性

ハーツェルたちが行った実験結果は、電子レンジが有害であることを明示していた。そして、電子レンジの利用が人体に悪影響を及ぼしていることが明らかなのに、機械を改良する努力すらされていないことに、ハーツェルは驚きを隠せなかった。

ハーツェルによると、こうした有害性は、電子レンジのメカニズムに起因するという。

「電子レンジで食品を温められるのはマイクロ波によって誘電加熱するからだ。強力な電磁波に打たれる原子や分子、細胞は、一秒に10億から1000億回もの極性転換を強いられる。有機的なシステムは、たとえ数ミリワットの低いエネルギーでも、変化を免《まぬか》れない。そのような強力で破壊的な力に耐えられる原子、分子、細胞は存在しないのである。

あらゆる自然の物質の中で、エネルギーに最も敏感に反応するのが水分中の酸素である。電子レンジはこの性質を利用したもので、その熱はマイクロ波をあてることで水分子中で起こる激しい摩擦で生み出される。当然、分子構造は破壊され、変質を強いられることになる。

また、通常の方法で食べ物を加熱する場合は、外側から内側に熱が伝わっていくが、電子レンジを使用した場合には、それとは対照的に、水が存在する細胞や分子内で変化が始まり、そこでエネルギーが摩擦熱に変換される」

では、太陽から注がれるマイクロ波は有害にはならないのだろうか？　ハーツェルは次のように回答している。

「太陽からのマイクロ波は、震動する直流電流の原理に基づいている。そのような光線は有機物質に摩擦熱を起こさない」

さらに、誘電加熱以外の影響も無視できないという。

「それについては現在のところ測定できていないが、マイクロ波は分子構造を変化させ、変質をもたらす。現実に、遺伝子操作をする際、細胞膜を弱めるために、マイクロ波が使われているのだ。マイクロ波は、まさに細胞の生命である細胞膜の内側と外側の間の電気を相殺させる。こうして弱体化した細胞では、自然の修復機能は抑制されてしまい、ウィルスや真菌類の餌食になりやすくなる。また、エネルギーの緊急事態に適応するために、細胞は好気性呼吸から嫌気性呼吸へと変化(酸欠状態となる)。水や二酸化炭素の代わりに、過酸化水素や一酸化炭素が作り出されるようになる」

ハーツェルはこのような理由から、電子レンジの使用により、人は健康を害していくことを確信した。

電子レンジで利用されるマイクロ波は、マグネトロンと呼ばれる真空管から生み出されている。そして、国際的にその発振周波数は2・45GHzに定められている。大抵の電子レンジは数百から1000ワット程度のパワーで食品を温める。このマイクロ波の放射により、食物の分子を破壊・変質させ、自然界には存在しない複合物質（放射性分解による複合物質）を生み出すといわれている。

今日のアカデミズムは、電子レンジで生み出される「放射性分解による複合物質」は、通常の方法で調理された場合と大差ないとみなしているが、実際には、電子レンジの方が多いことは明らかなのだ。

また、ある種のアレルギー患者においては、電子レンジで調理された食品に対して99・9％の人々が敏感に体の不調を訴えるという。

電気製品協会による不可解な発表禁止令の発動

ハーツェルとブランクが実験の結果を公表すると、FEAとして知られるスイス電気製品販売者協会（Swiss Association of Dealers for Electricapparatuses for Households and Industry）が、即座に攻撃を開始した。ハーツェルとブランクに対して緘口令《かんこうれい》（発表禁止命令）を出すように、ベルン州のセフティゲン裁判所の裁判長に働きかけたのだ。誹謗《ひぼう》中傷も激しく、それに耐えかねたブランクは、意思に反して自説の撤回を表明した。とはいえ、それまで電子レンジにかけられた食品が血液に異常を起こすという研究の正当性を公に訴えていたため、それは矛盾に満ちた対応となった。一方、ハーツェルは裁判を行う権利を要求した。しかし、この問題に関する予備審問は高等裁判所に回された。この問題が表ざたになることを嫌う権力が動いたのだ。

予備審問では、次のような判断が下された。

「このケースにおいては、明らかに原告側（FEA）の不利益が存在し、おそらくそれは容易に修復されるものではない。したがって、被告（ハーツェル）の弁明を聞くまでもなく、原告側の要求を正当と認める。被告の発表は科学的な根拠に基づいた、信頼に足るものと思われがちであり、結審するまでに被告がさらなる発表を行えば、原告側にさらなる不利益をもたらす可能性がある。こうした事態を回避するため、公表には但し書きが付け加えられるべきである。それは、ある結論を導き出すためにはさまざまなアプローチ法があり、この見解はすべての方法によって証明されているわけではないということである。なぜなら、擬似科学的な未証明の言明に対して、一般は興味を示すものではないからである。この決定は、これらの秩序立てた検査・測定に問題があることを証明するものではない」

そして、1993年、裁判所は原告であるFEAの主張を元に、次のような判決を言い渡した。

「被告は、5000フラン以下の罰金、又は1年以下の懲役に服し、電子レンジで調理された食品が健康に害をもたらし、ガンの初期段階をも誘発する病理学的トラブルを導くと主張することを禁ずる。尚、原告が裁判の費用を負担する」

その後、ハーツェルとブランクがいかに苦労したか想像に難くないだろう。

されど変わらぬ電子レンジの安全規格

今日の日本では、店頭に並ぶ電子レンジは極めて賢く、便利な機能を備えたものになっている。電子レンジから漏れ出る電磁波も緩和されてきた。テレビ、コンピューター、携帯電話など、様々な電気機器から放射される電磁波は人体に有害であると危惧されている。この電磁波は、2mG（ミリガウス）以上の場合に悪影響があるとされ、頭痛、肩こり、眼精疲労、イライラ、不眠、眠気、倦怠感などの症状が現れやすい。電磁波測定器は秋葉原などで購入できるので、各自簡単に測定を行うことができる。電磁波を強く放射する機器でも、ある程度距離を隔てれば電磁波が弱まるので、人体に無害といわれる1mG以下のレベルで利用することができる。電子レンジの電磁波は、悪名高きテレビと匹敵して、2メートル近く離れないと1mG以下に落ちないと言われてきたが、近年のテレビも電子レンジも改良がなされ、1メートル以下で1mG以下に落ちる機種も増えているようだ。

しかし、外部に放射される電磁波を防御するシールドが強化されたとはいえ、これまで話題にしてきた「食品の質の変化」や「加熱した食品を口にすることで生じる人体への影響」という面ではほとんど改善されていないと考えられている。というのも、マグネトロンにより2・45GHzのマイクロ波が生み出されている原理自体に変化がないからだ。

これまでの研究でわかっているのは、電子レンジによる加熱には殺菌効果もあるが、その食品を食べると活性酸素が増えることである。特に、脂は熱を加えすぎることで過酸化脂質となるが、これはガンのもとといわれている。また、加熱し過ぎることで熱に弱いビタミンやミネラルなどの栄養素が分解されるので、通常加熱で口にした場合と比べて、摂取できる栄養素を無駄にしていることがある。

巨大市場を牛耳る産業界は有害性の指摘に耳を傾けるのか

資本主義経済においては、産業界と政界との癒着を一掃することは不可能に近い。人々が適度に不健康でいてくれなければ、医療業界は困り、人々を簡単に健康にしてしまう薬や健康法に関する研究を認めなかったり、場合によっては妨害する傾向すらある。また、産業界は政治家や司法関係者に働きかけて、自らの利益確保の道を探ろうとすることも珍しくない。全世界に巨大市場を持つ電子レンジ・メーカーや電子レンジ用食品を手がける食品業界などが、ハーツェルやブランクのような都合の悪い研究者を葬り去ろうと画策したのも例外ではないのだ。

しかし、ある国の司法機関が研究成果の発表を禁じたとしても、必ず誰かがどこかで真実を伝えようとするものであり、いずれは産業界も歩み寄ることになる。

ハーツェルとブランクに緘口令が下ってから5年、ようやく状況は変わってきた。

1998年8月25日、1993年の判決はハーツェルの権利を侵害しているとして、ついに裁判長はその撤回を命じた。電子レンジにかけられた食品が健康を害すると発表することを禁じた緘口令は、「表現の自由」に反するという理由であった。さらに、FEAは慰謝料として、ハーツェルに4万フランを支払うよう命じられたのだ。

これで、ハーツェルとブランクは解放されたのだが、本当に電子レンジが人体に有害であるとすれば、緘口令の影響は彼らにだけ及んだわけではない。我々が真実を知る機会を得られずにきた空白期間をも生み出したがために、今なお原因不明の病気や免疫機能の低下に悩まされる人がいるかもしれないのだ。

他にも電子レンジの有害性について研究した人たちがいて、いずれもその安全性を疑う結果を出していた。筆者がハーツェルとブランクの研究を耳にしてから約10年、その間、国内外の研究機関による追検証の実施と公表を期待したが、2003年11月号の英国『エコロジスト』誌で報じられた以外は、いまだに大きなニュースになっていない。

電子レンジで温められた血液を輸血されて患者が死亡したことを考えれば、今の科学ではまだ十分解明されていない、「生命維持に必要かつ重要な何か」が電子レンジでの加熱で失われるか、「生命維持に有害な何か」が発生することは容易に想像される。ハーツェルとブランクは主に後者を示したわけだが、前者もさらに検証される必要があるだろう。もちろん、人間は多少の毒をも乗り越える代謝・免疫機能を備えており、無視できるレベルの問題かもしれない。しかし、環境破壊により我々の生活環境が汚染され、免疫力が衰えつつあることに加え、高齢化社会に突入している現状を考慮すれば、楽観はできない。ともかく、我々が安心して電子レンジを使用できるように、メーカーだけでなく、第三者機関が追検証を行い、早期に安全宣言を出してほしいものだ。

＊＊＊＊＊＊＊＊＊＊＊＊＊＊＊＊＊＊＊＊＊＊＊＊＊

●電磁波が、人間社会に精神の腐敗や病気をもたらす犯人だった⁉

電気製品から漏れ出る電磁波が与える影響について、今一度触れておきたい。

電子レンジに関しては、毎日、至近距離で長時間利用し続ける人はほとんどいないはずなので、電磁波による悪影響はそれほど気にするレベルではないといえるだろう。むしろ、他の電気製品から漏れ出る電磁波の方が問題である。一昔前、テレビから漏れ出る電磁波が人体に及ぼす影響が問題視されると、できるだけテレビから離れて見ることが推奨された。

1960年代、電磁波が植物に与える影響を調べたジョン・ナッシュ・オット氏は、テレビから漏れ出る電磁波が植物の生長に甚大な影響を与えることを確認した。また、ネズミを対象にして行った実験では、テレビから漏れ出る電磁波を浴びたネズミは次第に攻撃的となり、その後無気力と化し、ついには動けなくなってしまうことが判明した。さらに、ガン患者15人に、テレビなどの電子機器をまったく利用せず、室内照明も避けて、毎日外に出て日光を浴びるように生活してもらったところ、14人の患者のガン進行が止まったという。

テレビから漏れ出る電磁波が少なくなるように改良された点もあり、現在、我々の日常生活で最大の問題はパソコンと携帯電話である。極めて至近距離で、毎日長時間利用する人々が急増しているというのに、離れて利用するよう注意を促さないのはなぜなのか。当然のことだが、パソコンも携帯電話も、至近距離での利用を前提としている。消費者に離れて利用するよう警告してしまえば、そもそも商品の存在価値が問われることになり、メーカー側だけでなく、ネット社会に依存した我々のライフスタイルにも深刻な影響が出る可能性は明らかである。ひょっとすると、そのような事情もあるのかもしれない。

現在、我々の社会が直面している精神の腐敗現象は、年齢にかかわらず、幅広く発生している。政治やマスコミの質が低下したことも無視できないが、電磁波に長時間曝されると、人は攻撃的に（「切れ」やすく）なり、無気力（引きこもりがち）となり、ついには病気に至ってしまうことは、今から40年も前に行われたオット氏のネズミによる実験でわかっていたことなのだ。

我々が自然から離れた生活を進めてきた背景を振り返れば、当然の結果ではあるのだが、改めて自己のライフスタイルを見直す必要があるだろう。

＊＊＊＊＊＊＊＊＊＊＊＊＊＊＊＊＊＊＊＊＊＊＊＊＊＊＊＊＊＊＊＊＊＊＊

第四章

ガン、心臓発作、脳卒中治療の重大な欠陥を炙《あぶ》り出す

——〝万病のもとは食生活〟に着目の横田学説が封印された理由

慢性病の根本原因を解明した医師

今日、我が国の死亡原因ベスト10に入るガン、心臓病、脳卒中、腎臓病、肝臓病、糖尿病などは、慢性病と総称されている。図1は、ここ約半世紀間の日本における主要な死亡原因別の死亡率の変動を表したものだが、結核が激減した後、脳血管疾患が減少していることが目立つ他は、ほとんどの慢性病死が増加している。このことは、現代医学に未だ慢性病の根本的治療手段がないことを示している。

ところが何とこの日本に、しかも40年以上前に、すでにこれら諸病の根本原因を解明した医師がいる。その横田良助博士の子息で共同研究者でもあった薬学博士横田貴史氏は、自分たちの研究成果を知らないために、今もなお多数の生命が無為に失われている現状に胸を痛めている。

このような情報を端から眉唾物だと疑う人もいるだろう。だが今日、人々は慢性病の解決策を切実に求めており、現代医療に満足できずに、代替《だいたい》療法に関心を持つ人々も少なくない。そこで、なぜ横田父子の研究成果が今まで世の中に広く伝えられなかったのかという経緯を含めて、以下に、彼らの労苦と驚くべき研究成果を紹介しよう。

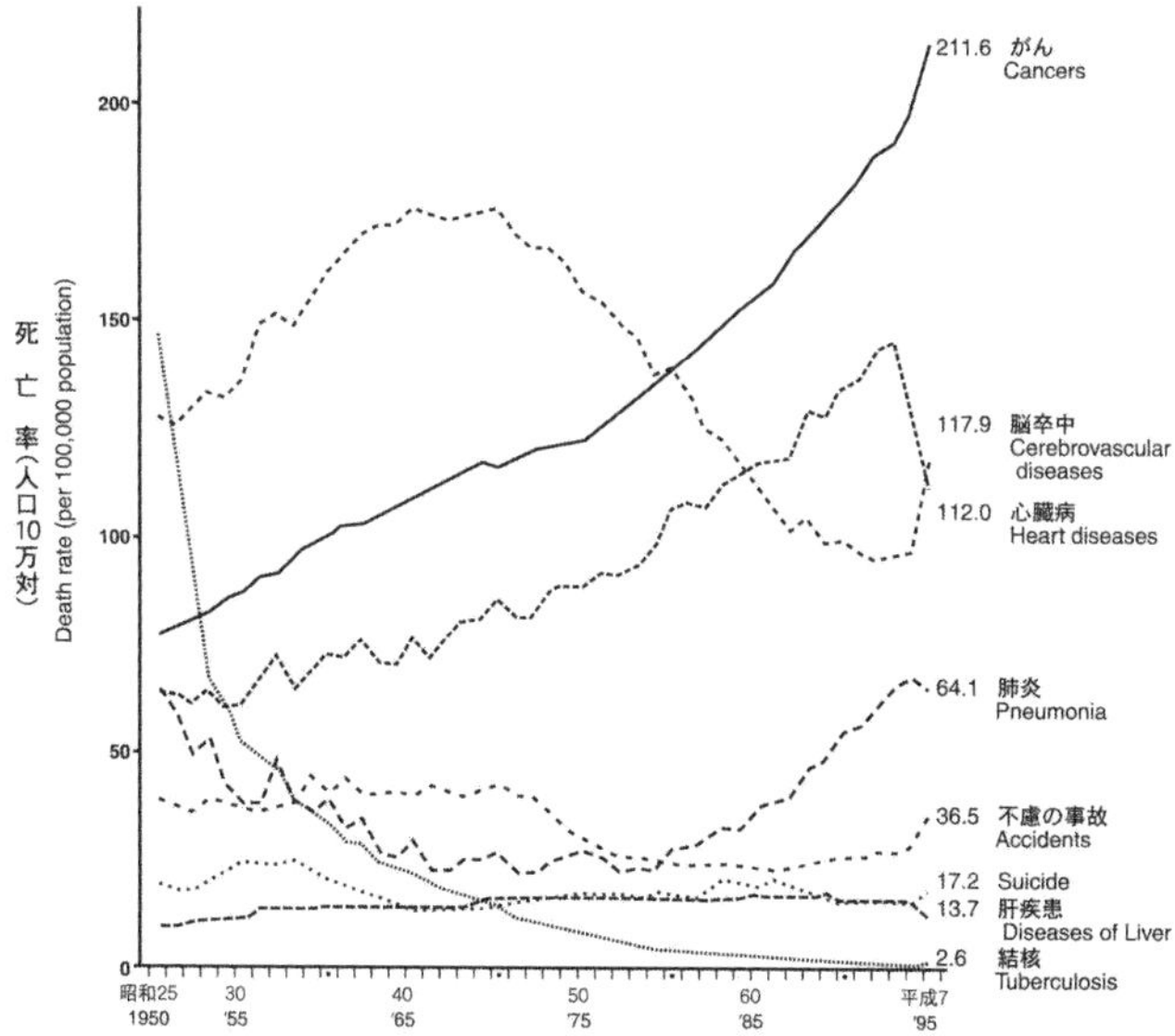

1995年（平成7年）に死因順位の第2位と3位が入れ替わったのは、「第10回修正国際疾病、傷害及び死因統計分類（ICD-10）」の摘要による脳卒中の増加と死亡診断書等の改正による心臓病の減少によるものと考えられる。

図1　主な死因別にみた死亡率の年次推移（昭和25年～平成7年）

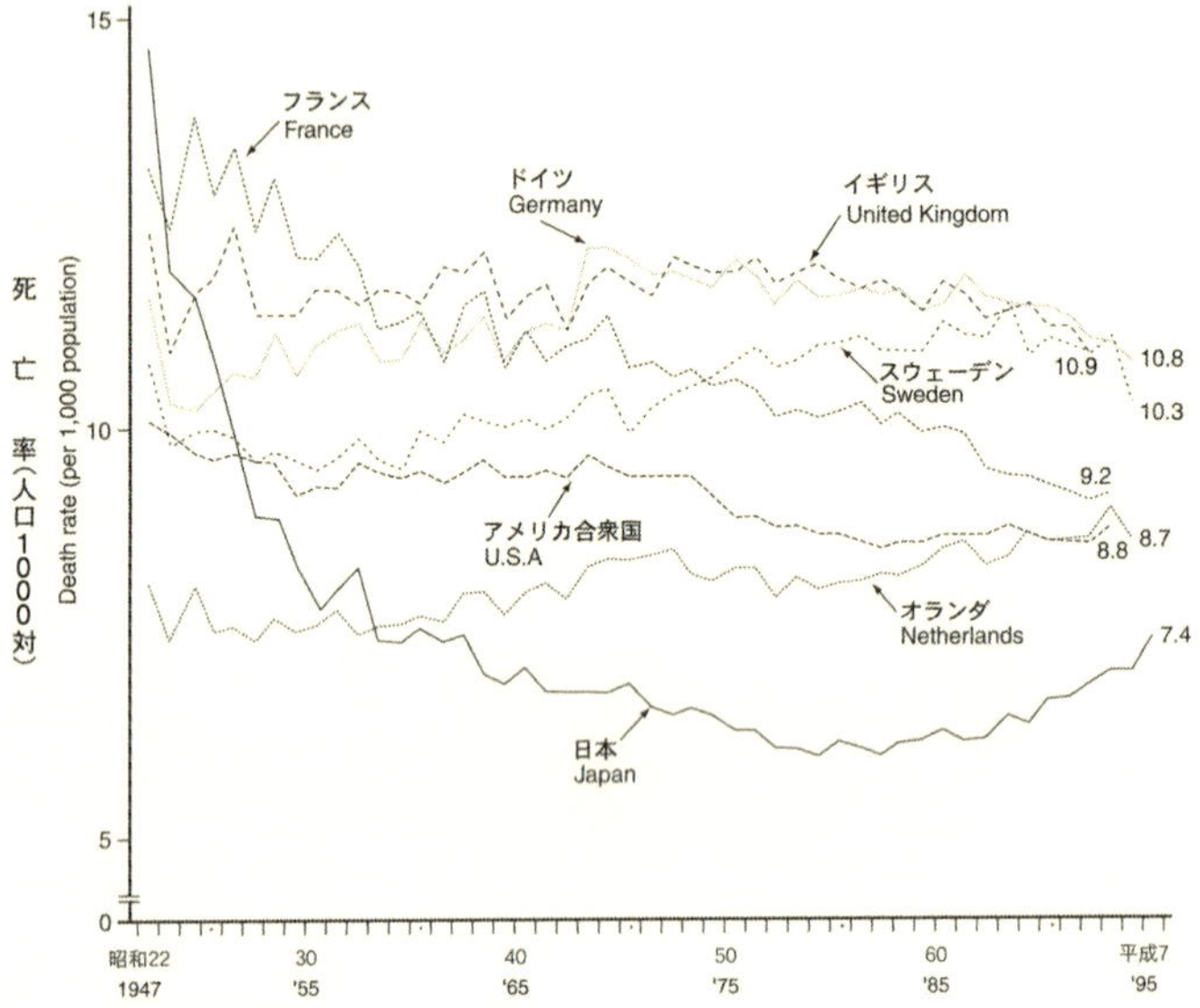

1985年以前のドイツの統計数値は旧西ドイツである。
資料：欧米諸国は、WHO「World Health Statistic Annual」，
UN「Demographic Yearbook」

図2　死亡率の年次推移――欧米諸国との比較（昭和22年〜平成7年）

封じ込められたガンの医学的大発見

1937年春、横田良助は大阪大学医学部を卒業後、東京神田の佐々木研究所附属・杏雲堂《きょううん》病院に就職した。そして、昭和前期の日本における循環器系疾患（血管系の障害に起因する病気）の第一人者である佐々廉平《ささ れんぺい》博士の指導下に臨床技術を学ぶこととなった。

だが、当時の医療は、もっぱら対症療法の時代であったため、彼は医学の無力さを痛感。医学界がもっと病気の原因解明に力を注がなければ、いつまでも根本的な問題解決を図ることはできないと気付き、1940年に彼は、自ら佐々木研究所への配属変更願いを提出した。こうして彼は、医学界で初の文化勲章受章者である佐々木隆興《たかおき》博士のもとで基礎医学研究に従事することとなった。

横田良助は様々な研究を行い、食品の腐敗産物を調べる研究もその一つだった。また、特に力を入れて動物実験を行い、ガン免疫の存在を証明する研究成果を得た。

今日、ガン免疫の存在は周知の事実だが、当時〝免疫〟は、外界から体内に侵入する異物から体を守るために備わった機能であると定義されていたため、自分の体の一部が変化したガンに対する免疫の存在は、露ほども想像されてはいなかった。つまり、彼の得た成果は、当時とすると驚愕すべき内容だったのだ。それだけに、研究所はこの組織までが世界中から物笑いの対象となることを

横田良助医学博士

恐れたのだろう。彼はノーベル賞も夢ではない大発見の発表を、一切禁じられてしまった。

そこで、このままではガンに苦しむ人々を助けることができないと感じた横田博士は、1950年、38歳でこの研究所を飛び出すことを決意。開業医として診療を行いつつ、さらなる研究を独自に続けて、以下に記す4つの主要な研究成果をあげた。

①循環器系疾患の根本原因
②ガン発症の根本原因
③風邪（アレルギー）の根本原因
④高血圧・動脈硬化の根本原因

いずれも、医学界で今もなお解明されていない難題である。だが、極めて封建的な日本の医学界には、一匹狼の研究者の言葉に耳を傾けてくれる者はいなかった。また、厳しい経済的困窮状態が続いたため、彼の成果は世の中に知らされないままに、時だけが経過したのである。

以下に、横田博士の循環器系疾患の原因解明に関する研究成果をとりあげてみよう。

循環器系疾患の原因となる強烈大打撃の仮説

物騒なことだが、一人の人間を物理的な手段を用いて殺すことを想定した場合、太い棒で殴るとか、自動車で撥《は》ねるとか、ナイフで刺す等々、相当に強い打撃や傷害をその体に加える必要がある。一方、最近まで元気だったのに、突然病気で亡くなる人もいる。

殺人であれ病気であれ、結果はいずれも同じ〝死〟である。そこで横田氏は、病死ことに心臓発作や脳卒中（以後、循環器系疾患中のこれら2種の疾患を〝両発作〟と略記する）の発生原因は、棒で殴って人を殺せるのに匹敵するほどの強烈な打撃が、体の内側から突然加えられることによるものだという仮説を立てた。

横田博士のこの仮説が正しいとするならば、「体内で生ずる強烈な打撃で、人間を急死させる原因となりうるものは何なのか？」が大きな課題となる。

死に直結する異常超高血圧の発生

重篤《じゅうとく》な脳溢血《のういっけつ》の際には、血圧が異常に上昇して測定不能となることを、横田博士は確認・注目した（元・日本内科学会会頭、京都大学の故・辻寛治教授も、脳溢血時の異常超高血圧の発生を確認している。なお、心臓発作でも血圧の激烈な変動は生ずる。そのため、この血圧の激烈な変動は、脳溢血に限らず循環器系疾患全般に通ずるものと考えられる）。

突如として測定不能なほどの超高血圧の負荷が血管系に加えられたら、血管系のどこかに破綻《はたん》が生ずることとなる。このことは、健康もしくは生命損失の十分な原因となりうるものである。それで、この異常超高血圧の発生原因が、脳溢血など循環器系発作発症に密接に関係すると考えた。

重篤な心臓発作、脳卒中を発症した瞬間の体内

意外なことに、この異常血圧の発生原因を、現代医学はつきとめていない。例えば、両発作は動脈硬化が進んだ人に起こりやすいことは、今日では常識である。だが、なぜ睡眠中などに突如激し

い発作が起こるのかは、その原因がわからないままなのだ。

急死の原因となる両発作は、自殺しようとして故意に毒を飲んだから起こるという類のものではない。となると、体の内部での産生物質が原因となって起こると考えるのが妥当なはずである。また、その原因物質が、特定の臓器で常時多量に産生されていることも考えられない。しかも、重篤な脳溢血発症時には異常超高血圧を生じ、また、心臓発作発症時には脈も触れないほどの低血圧を生ずるのだから、原因物質は体内である条件が揃った場合にのみ一時的に産生され、ごく微量で非常に激烈な作用を持つものだと考えられる。さらに、両発作時に表れる諸症状から判断すると、その物質は極めて激烈な血管収縮・痙れん作用及び組織傷害作用があるはずである。

このような考えのもと、博士はその真の犯人捜しを行ったのである。

食物の腐敗産物から発せられる有害物質

ある条件が揃った場合にだけ体内で一時的に産生され、激烈な両発作を発症させる作用を持つ物質は、いったい体内のどこで（何時どのような場合に）産生されるのか？

横田博士が注目したのは、両発作の際に尿毒症の諸症状が急性に生ずることだった。尿毒症といえば腎臓の可能性が考えられる。だが、一般的な尿毒症は、何らかの原因で腎機能の低下に伴い老廃物の排泄障害が生じ、血液中の老廃物濃度が徐々に高まって発症するものである。当然、その発症の形態は慢性的な経過をとるため、腎臓が原因だとは考えられない。

では、急性の尿毒症はどのようなことが原因で起こり得るのか？

ここで横田博士は、研究所時代に行った食品の腐敗産物を調べる実験研究に思い当たった。培養液中で食品を大腸菌など腐敗菌の作用で分解して、その際産生される物質を調べる実験研究は、佐々木隆興博士が世界で初めて開拓した学問領域である。横田博士はその実験研究に参画して特筆すべき成果を上げたわけではない。だが、その経験は、その後の大発見に大いに役立ったのである。

①食品の腐敗産物中に極めて強力な作用を持つ種々の有害物質が非常に大量産生されることを知った。

②「毒性の強い腐敗産物が何らかの病気の原因となっているのではないか？」という着想と興味を抱いた。

研究所を退所した後の博士は、常に食物の腐敗産物の害に注意を払って患者の治療に当たった。そのため彼は、激烈な悪臭ある腐敗便の産出・吸収と両発作発症とが極めて密接な関係にあることをスムーズに発見できた。彼の秀《ひい》でた臨床診断の技能が、研究を結実させたともいえるのだ。

博士は、これらの事象を引き起こす直接の根本原因は、強酸性状態となった腸内で産生された腐敗産物の吸収であるという結論に達した。彼は、この激烈な作用を持つ腐敗産物を含む糞便（厳密には、腸内に存在する高度に腐敗した不消化残渣《ざんさ》）を「酸性腐敗便」と命名した。この命名は、「酸性条件下の腐敗」こそが、彼が両発作発症の主原因物質であると判定した、後述するタンパク性のアミン類の産生条件の特徴を端的に表している。

酸性腐敗便が慢性病の主原因だった！

生物にとっての食物は、それがうまく消化・吸収された場合には、健康や生命を維持するための栄養となる。つまり、日々の食事は、短期的・長期的に見た場合の体格、体質や健康状態、さらには、発症する病型に多大な影響を及ぼしているのだ。

一方、何らかの原因で摂った食物の消化をうまく行えない場合、腸内で腐敗・発酵が起こる。その際、腐敗の進行に伴って、悪臭ある強い酸性の物質やガスが増える結果、腸内の酸性化も進む。そしてついには、腸内が強い酸性状態（pH2・5〜5・5）となり、このような条件下で更なる高度の腐敗が生ずると、次に示すような極めて恐ろしい現象が発生するのだ。

タンパク質を構成するアミノ酸が、腐敗菌（大腸菌など）の持つ酵素の脱炭酸作用（アミノ酸の分子構造中のカルボキシル基〔・COOH〕の中から、COOの部分を炭酸ガス〔C〕として外す作用）によって、「アミン」と呼ばれる類の物質へと変化する化学反応が生ずる（121ページ図

3参照)。このようにして生じたアミンは、体内で産生される物質の中で、最強の血管収縮・痙れん作用及び組織傷害作用を持つ物質なのである。

横田氏は、このタンパク質由来のアミン類(以後「タンパク性アミン類」と略記)の産出・吸収こそが、両発作による人間の死の根本原因だということを突き止めたのである。このことを裏付けるその他の根拠として、博士は次のようなものを挙げている。

①両発作患者の腸内には必ず悪臭のある酸性腐敗便が存在する
②両発作患者の排泄した糞便の悪臭度が発作の重篤度と比例する
③悪臭便の完全排出及び嘔吐が、両発作症状の改善に著効を表す
④問診などから、酸性腐敗を招く原因の常在を確認されている
⑤両発作は腐敗便が吸収される排便時前後に起こりやすい
⑥両発作の主症状は急性尿毒症症候群であり、急性尿毒症は細菌性腐敗産物で起こる
⑦両発作の原因物質は劇烈な血管収縮・痙れん作用を持つ
⑧両発作時には、血圧の激烈な変動が生じる
⑨両発作の原因物質は強力な組織傷害作用を持つ
⑩重篤な両発作時には体液が酸性化する
⑪平時には血液中に存在しないタンパク性アミン類が両発作時の患者の血液中に出現する
⑫タンパク性アミン類を実験動物の血液中に投与した場合、両発作と同じ症状の発生を確認できた

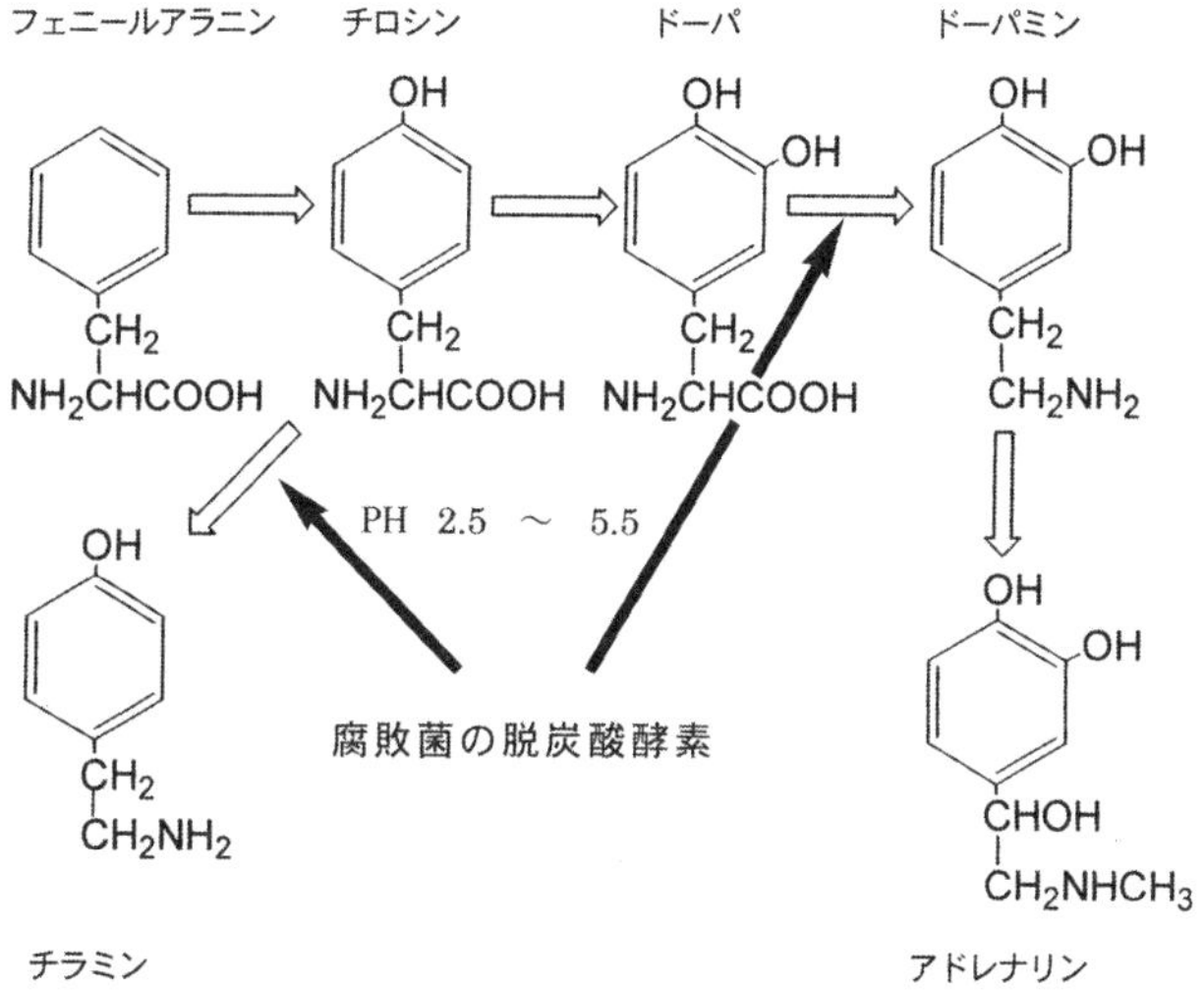

図は、左上端の必須アミノ酸の一つであるフェニールアラニンからチロシン（アミノ酸）が生じ、これに腐敗菌の脱炭酸酵素が作用してアドレナリンが生ずること。これと同時にドーパミンが生ずること。これに副腎酵素が作用してアドレナリンが生ずること。これらが酸性条件（pH2.5～5.5）で起こることを示す。

図３　代表的な交感神経類似アミン類及び交感神経類似物質の生合成系路

⑬酸性腐敗便吸収の結果として発症する病型が、心臓発作あるいは脳卒中という異なったものとなる理由は、発作時の患者の心臓衰弱の度合いの差異による

40年以上前から横田博士は、内外の学会でこの『酸性腐敗便学説』を発表してきた（第4回及び第7回日本老年医学会総会〔1962、1965年〕や、第7回国際老年医学会総会〔1966年、ウィーン〕）。また、著書の出版や講演会など、機会あるごとに横田父子はこの学説の啓蒙《けいもう》活動を展開していた。

さらに彼らは、酸性腐敗便と諸病との因果《いんが》関係を詳細に究明し続けた結果、酸性腐敗便が、いわゆる慢性病の主原因でもあると結論するに至ったのだ。

速やかなる病気治癒はここから始める

予防医学の実践を可能とし、病気の根本療法を確立するためには、病気の原因解明が必須である。横田博士は、慢性病、ことに循環器系疾患の根本原因として酸性腐敗便を発見し、これら諸病発症のメカニズムを明らかにした。

ところが、両発作治療に際して酸性腐敗便排除の処置が行われていない。根本原因を取り除かずして速やかな病気治癒は望めないということに目を背けている点が、現代医療の最大の欠陥の一つ

だと、博士は指摘する。また、原因が解明できないまま、対症療法を行うために、時に、治癒とほとんど正反対の結果をもたらす処置が行われていることすらあるという。

消化器系にダメージを与える風邪と便秘を侮《あなど》るな

酸性腐敗便学説から、食生活改善は慢性病に対する主要な予防・治癒手段となるはずであることが窺われる。しかし、現行の食生活の指針は、「バランスのとれた」などという非常に曖昧で中途半端なものしかない。

酸性腐敗便産出に関わる因子としては、食事の質、量、摂り方（咀嚼《そしゃく》の問題など）及び、その食事を摂った時点での消化器の能力の4つがある。博士が特に懸念しているのは食物の質の選択に誤りがある場合に頻発する弊害である。日本人の場合、菜食を主体とする食生活を長期間にわたって続けてきたため、その消化器の機能や形態は菜食に適応している。ここ半世紀間に肉を食す機会が急激に増えた食生活の変化に、消化器が対応できていないというのである。

近年、動物性食品は値下がりする一方、野菜や魚介類の価格は高騰している。必然的に肉を主体とする食生活となりやすい環境があるのだ。しかも、栄養学では依然として動物性食品などを栄養価の高い優れた食品だと推奨しており、本質的な誤りに気付いていない。

また、軟らかい食品を好んで食べ、あまり咀嚼しないために顎《あご》が退化しつつあることも問題だ。咀嚼は、消化を助ける重要な手段であることを考えれば、このことも消化に多大な影響を及ぼす因子だといえる。

このような状態では、酸性腐敗便による弊害は高まる一方である。実際、慢性病の中でも、心臓病や腎臓病、肝臓病、糖尿病、ガンも腸ガンや肝ガンなど、博士が酸性腐敗便が密接に関与するとする病気による死亡者や罹患者《りかん》が、近年急速に増加している。

さらに、消化器の能力に影響を及ぼす因子は数多くあるが、横田博士は特に、風邪の罹患と便秘を挙げている。風邪と便秘はたいした病気だとは思われていないが、実は消化器の顕著な機能低下を招く主要な原因なのだ。

食事療法は膨大な医療コスト抑制の切り札となるか

ちなみに横田博士は、日本人の食生活の激変は、近々10代〜60代の青・壮年齢層の死亡率の激増を招き、このままでは医療保健及び年金制度の壊滅は必至であり、酸性腐敗便学説の観点から、一刻も早くその根本的な改革が実施されることを心底から祈念していた。

大局的に見て、横田氏の説に特別な矛盾はない。多くの人々が直面するであろう問題を的確に指摘しているといえる。そのため、彼らの酸性腐敗便学説が真実であることが広く世間で認められたならば、食生活を主体とする生活環境の改善で、巨額化する医療関連経費や人的損失を相当に減少させることができるかもしれない。

横田良助博士は使命感あふれる情熱家で、子息である横田貴史氏がまだ小学生の頃から、その研究内容について頻繁に父子で語り合ったという。しかし、彼は経済的に困窮する中、誠心誠意の啓蒙活動と、その努力がなかなか報われないストレスから幾度も体調を崩して、ついに1990年78歳にして生涯を閉じた。現在は、父の遺志を継いだ横田貴史氏がその使命を果たそうと活動している。

（参考文献　横田貴史著『医療革命』アジア印刷刊）

右：故横田良助氏、左：横田貴史氏

＊＊＊＊＊＊＊＊＊＊＊＊＊＊＊＊＊＊＊＊＊＊＊＊＊＊＊＊＊＊

●病気の原因は土壌汚染にある？

19世紀末、イギリスの医師ロバート・マッカリソン氏は、長寿で無病の生を楽しむアフガニスタンのフンザ人の食生活を調べた。フンザ人は高い知性と上品さを備えており、穀類、野菜、果物、そして殺菌しない山羊の乳とそれから作られたバターだけを食べていた。そして、フンザ人の食事を含め、他に様々な民族の食事をネズミに与えて比較したところ不思議なことに、フンザ人の質素な食事を与えたネズミが最も健康的であった。

同じころ、イギリス農業局の菌類学者アルバート・ハワード氏は、病気の真の原因は、実験室での研究からは解明が望めないことを直感していた。そして、インドの先住民に学び、駆除剤や化学肥料を一切使用せず、入念に堆積された動植物の老廃物（堆肥《たいひ》）を土地に戻してやる方法で、病気にかからない作物の栽培に成功した。農地を耕す牛には、その土地で取れた作物だけを与えておけば、牛は健康だった。伝性病に侵された牛と鼻を擦り合わせても、病気にならなかったのだ。そこで、その土地で取れた農作物も、それを食する牛も人間も全く病気にかからない秘密は、肥沃《ひよく》な土壌にあるとハワードは考えた。そして、彼は飛躍的に作物の収穫を増やし、病気を発生させないインドール式腐植土生産法を開発した。

レディー・イーヴ・バルフォアは、リウマチの酷い発作と鼻風邪に苦しんできた。ハワードに学んだバルフォアは、自分で作った堆肥で小麦を育て、全粒粉製のパンを食べるようにしたら、風邪をまったくひかなくなり、リウマチの苦痛からも回復するという奇跡を体験した。

また、ハワードに影響を受けたフレンド・サイクス氏は、土壌は潜在的な産出力をもっており、世話さえすればどんな肥料も必要ないと主張した。そして、石灰、燐酸、カリがひどく欠乏した畑に、まったく肥料も入れず、耕す方法を工夫することで麦の栽培を行ったが、専門家の予想と正反対の結果、つまり、連作を繰り返すごとに土壌の産出力を回復させることに成功したのだ。

こうしたことは、駆除剤や化学肥料の持続的な使用に対して害虫が抵抗力を獲得すると、より強力な農薬が使用されるという悪循環や、栄養価に問題のあるハイブリッド種の栽培などが、健康被害をもたらしていることを証明している。

また、マッカリソンによるフンザ人の食生活の調査は、栄養不足が病気を生むのではなく、むしろ、十分な栄養を摂った者が病気になりやすいことすら示唆している。千島学説で知られる千島喜久男博士も、病気の克服には減食や断食が有効であると考えていた。

実のところ、現代人が健康で長生きするために心がけるべきことは、過食を抑え、環境・土壌汚染のない土地で育てられた作物から〈生命力〉の強いエネルギーを人体に取り込むことなのである。

＊＊＊＊＊＊＊＊＊＊＊＊＊＊＊＊＊＊＊＊＊＊＊＊＊＊＊＊＊＊

Part Ⅲ

エネルギーを巡る政財界の不都合な関係

第五章

北米東部一帯を襲った大停電は計画的に起こされたのか

——マインド・コントロール電磁波兵器実験という疑惑

なぜ大停電が起きたか⁉　浮上した政府機関の関与説

2003年8月14日午後4時10分（日本時間15日午前5時10分）頃、ニューヨークやカナダのトロントをはじめとする北米東部一帯で、大規模な停電が発生した。被害を受けた人は5000万人以上に及んだといわれ、完全復旧には約29時間を要する史上最大級の停電となった。交通は大混乱し、夕方の帰宅時間と重なったこともあって、多くの市民が路上に溢れ、徒歩で帰宅を目指したものの野宿を余儀なくされた人も少なくなかった。途中で停止した地下鉄やエレベーターに閉じ込められた人々に対しては、必死の救出活動が展開された。

一部地域では略奪行為も見られたが、概して人々は落ち着いていた。見知らぬ人を車に乗せて送ってあげたり、路上に溢れる人々に近くの店の人々が水を分け与えたり、協力し合う光景が見られた。アメリカでは9・11テロを体験していたがために、以前にも増して市民による助け合いの気持ちが強まったのだろう。

ブッシュ大統領は、「これはテロリストの仕業ではない」と語り、ニューヨーク市のブルームバーグ市長も、記者会見においてテロの可能性を否定した。

確かに、北米東部において長時間の停電は珍しいことではない。夏には激しい落雷が多発するし、冬には雪や樹氷で重みに耐えられなくなった木々が倒れて電線を寸断することもある。毎年、数回の停電を経験することは、北東部では当たり前のことである。

停電が解消されるということは、場所と原因が特定されて、それが修復されたからに他ならない。ところが、この大停電では、完全復旧までにそれが特定されなかった。つまり、どこの何を修復すべきかわからなかったにもかかわらず、約29時間後には完全復旧してしまうという不可解な大停電だったのだ。

当初、大停電の原因に関しては、様々な情報が乱れ飛んだ。直後には、米主要メディアは、ナイアガラ地域にある発電所がオーバーロード（過負荷）になり、送電が止まったのが大停電のきっかけだったと報道した。その日は30度近い暑さだったため、冷房等による電力需要が供給能力を上回ったと推定されたのだ。

ところが、発電所で火災が発生したと報じたテレビ局もあった。また、カナダ政府は声明を出して、「ナイアガラの発電所が落雷を受けたのが発端だった」との見方を示した。しかし、地元気象台では、該当地域での落雷は確認されていない。

1965年からナイアガラ発電所の設計全体に関わってきたエキスパートは、いずれの説明も腑《ふ》に落ちなかった。彼は、停電が他地域に広がるのを防ぐシステムを構築しており、そのようなことが起きるはずがないと疑いを隠さなかった。

実際、彼が関わったナイアガラ発電所ではなく、他に問題があったようだ。

夜になると、原子力発電所のトラブルだったという説も浮上した。カナダ首相府報道官は朝日新聞の取材に対して、「米ペンシルベニア州の原子力発電所で何らかのトラブルが起きたという情報を得た」と述べたという。

しかし、ペンシルベニア州当局者はAP通信を通じて、同州の原発が発端だとするカナダ側の主張に対して「事実無根だ」と反論。ニューヨーク州のパタキ知事の報道官は「カナダ側の変電トラブルが疑わしい」との見方を示した。

さらに、CNNに出演したヒラリー・クリントン上院議員（ニューヨーク州選出）も「(異常の)連鎖はカナダ側から始まった」と指摘。アメリカとカナダが互いに責任を擦《なす》り付け合う展開になった。

さらに調査が進んだ2日後には、オハイオ州の送電網の障害が大停電の発端になったという見方が強まってきた。同州の電力会社ファースト・エナジーは16日、大停電が起きる約2時間前から州内の発電所や送電設備で、一時的な停電や電圧の低下が起きていたことを公表したのだ。アメリカやカナダの電力業界などでつくる北米電力信頼度協議会（NERC）も同日、同州内の送電線3本のトラブルをきっかけに大停電が始まったという見解を示した。

問題の送電線は、エリー湖を取り巻く形で、ニューヨーク州バッファローからクリーブランド、デトロイト、トロントなどを結んでおり、この送電網内で相次いで起きた一時的な送電トラブルが隣接する州やカナダに広がった結果、14日夕の大停電につながったという。

以上のことが、大停電の発端としてわかってきたのだが、いったい障害の原因や被害が拡大した理由は何であったのか、明確にはされていない。その時期、コンピューター・ウィルスのMSブラストが猛威を振るい、ハッカーによる犯行説も浮上した。しかし、ハッカーによる停電は不可能でないとしても、広範囲に停電が波及したことに関しては、説明がつかないといわれている。また、アラブ系メディアは、アルカイダによるテロであったことを示す犯行声明が出たと報じたが、今では、アルカイダが9・11テロやハイテク犯罪を起こせるような集団ではなかったことが判明している。

実は、主要メディアでは報道されなかった興味深い報告がある。それは、ラジオ局コースト・トゥー・コーストで敏腕ジャーナリストのジョン・ラポポート氏が、米国国税庁（IRS）のある人物から得た情報として明かしたもので、事件の約4時間前、ある政府機関が秘密裏にメイン電源から補助電源に切り替えるように指示を出し、停電波及を防ぐ安全装置がオフにされたというのだ。

もしそれが事実であるならば、大停電はやはり計画的に起こされたということになる。

電磁波の影響!?　停電前後に起こった不可解な現象

大停電が始まったのは8月14日午後4時10分頃であった。その前後から、少なくともオハイオ州、ミシガン州、ニュージャージー州では、奇妙な現象が起こっていた。

まず、携帯電話が広域で混線した。車を運転中、カーステレオの電源が突然切れ、車のエンジンすら停止してしまったケースもあった。また、雷のような音も聞こえたという。

オハイオ州のある人物はこんな体験をした。乾電池を交換したばかりのデジタル式時計が、読むこともできない記号を表示させた。そして、家のフューズ・ボックスも触れることもできないほど熱くなっていたという。

また、大停電の際、外にいたトロントのある女性は、頭上を飛ぶ飛行機を見上げると、何らかの化学物質をスプレーされたかのように、目が刺すように痛んだことを報告している。

カーステレオも時計も独自の電源を持ったものであり、本来ならば大停電にまったく影響を受けないはずである。こうしたことから、電磁波をもたらす太陽フレアの異変の可能性も取り沙汰されたが、事件当時、太陽表面における爆発を示す太陽フレアに異常は存在しなかった。仮に太陽フレアに異常が認められたとしても、送電施設が脆弱《ぜいじゃく》で一日に何度も停電が起こるような発展途上国で、なぜ甚大な被害が報告されずに近代国家であるカナダ、アメリカの東部に限定されたのか？　このような疑問に説明がつかず、太陽フレア説は初期の段階で排除された。

とはいえ、停電前後に起こった現象が、送電網の外部からやって来た電磁波の影響であることは明らかだ。

調査官の公式説明によると、エリー湖を囲む送電網において、ニューヨークからカナダのオンタリオ州方向に流れていた３００ＭＷｄ（メガワット・デイ）の電力が、わずか10秒間で突然逆向きになって、５００ＭＷｄでニューヨーク方面に流れたため、システムがシャットダウンして装置の破損を防いだという。

問題は大停電という事態を招く前に、安全装置が働かなかったことで、それがオフとなっていなければ説明がつかないのだ。そうなると、先に触れたように、事件の約４時間前、ある政府機関が秘密裏にメイン電源から補助電源に切り替えるように指示を出し、停電を防ぐ安全装置がオフにされたという報告が説得力をもってくる。そして、その状態において、何らかの電磁波を送電網の外部から受けたという仮説が成り立つ。

電磁波実験の可能性を示す数々のデータが存在する！

電磁波といえば、ＨＡＡＲＰ《ハープ》（高周波活性オーロラ調査プログラム）を連想する読者も居るだろう。ＨＡＡＲＰは、１９９０年に発足したペンタゴンの公式なプロジェクトで、表向きは、民間及び軍事目的でコミュニケーションと監視を強化するために、電離層の特性と変化を研究していることになっているが、後述するように、真の目的は他にあるようだ。

そのＨＡＡＲＰが、各周波数帯域でのシグナルを観測しており、アラスカ州ガコーナの電離圏観測所では、大停電の14日に異常を認めている。観測データはインターネットを通じて常時公開されており、他の研究所が公開するデータも各地で参照できることから、この点に関しては、正確なデータが公開されていると考えて間違いないだろう。

もともと地球自体は低周波を自然に発しており、7〜8Hzあたりで観測される低周波は地上の生命にとっては心地よいものとされている。それを乱す低周波は、地球環境にとっても、我々人間にとっても、危険があるともいえるわけで、そのような帯域の低周波が、現実に異常発生していたのである。

グラフ①は、大停電の発生した14日に観測されたものである。大停電が発生したのは米東部時間で16：11。アラスカにあるHAARP観測所が採用しているUTC（協定世界時）の20：11に相当する。このグラフは大停電時より異常に激しい低周波シグナルが受信されていることを示している。また、2時間前から低周波の激しさが増しており、これはオハイオ州の電力会社ファースト・エナジーが公表した、大停電の起きる約2時間前から州内の発電所や送電設備で、一時的な停電や電圧の低下が起きていたことに対応する。

常識的に考えて、大停電中は、地上の人為的活動が静まって、地球にとっては好ましい穏やかな状態だったはずである。ところが、現実はまったくの逆で、異常に激しい電磁波にさらされていたのだ。

もう少し上の帯域では、どうか。グラフ②が示すように、やはり、事件発生の約2時間前から異

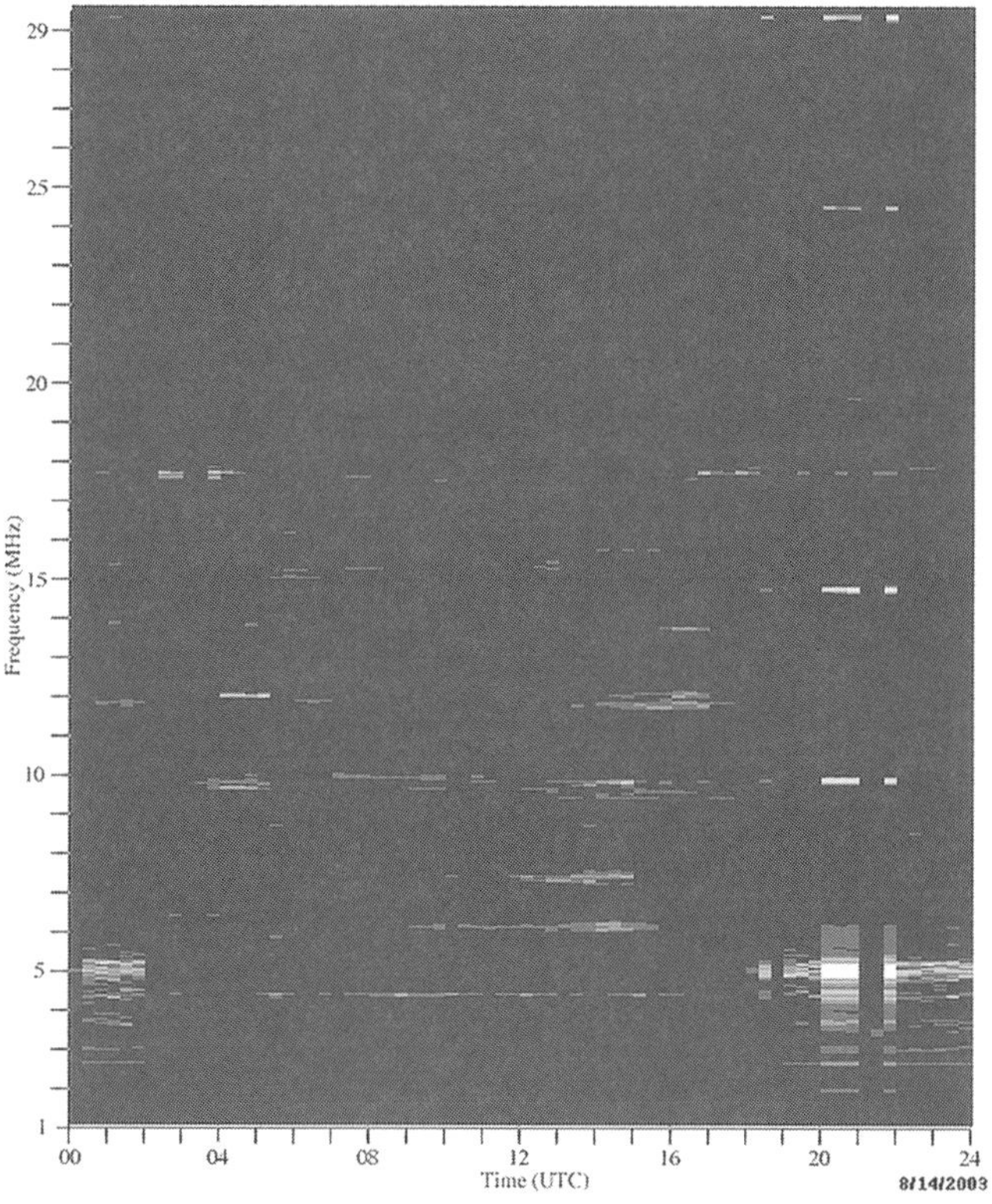
Frequency (MHz)
29
25
20
15
10
5
1
00
04
08
12
16
20
24
Time (UTC)
8/14/2003

グラフ①

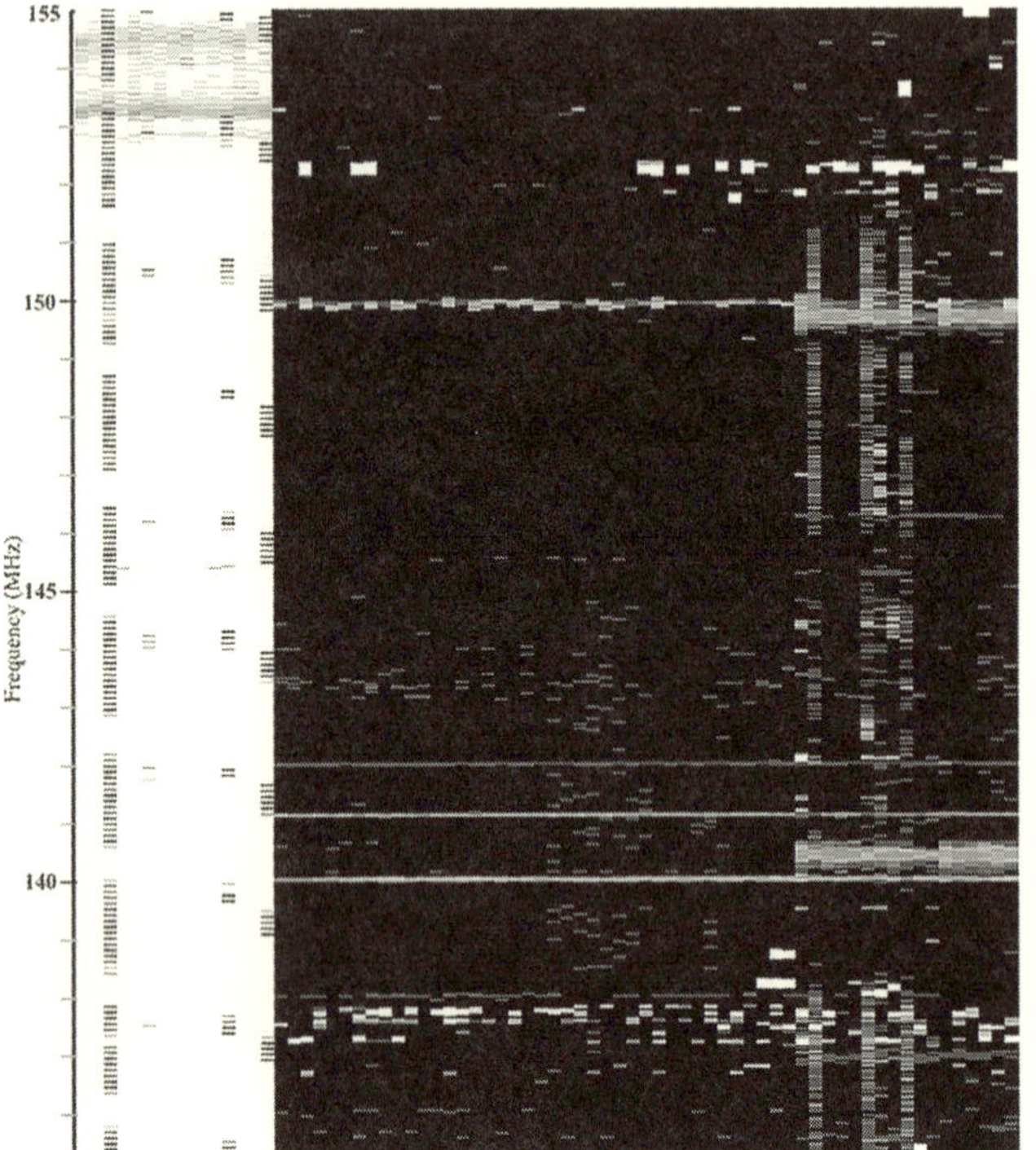
155
150
145
140
135
Frequency (MHz)
00
04
08
12
16
20
24
Time (UTC)
8/14/2003

グラフ②

常が観測されている。

ちなみに、磁気圏を観測するACE衛星は大停電の4時間前から6～7時間にわたってダウンしている。HAARPの磁気圏観測機は機能していたが、アンカレッジでは停止していた。そして、HAARPの電離層観測機も大停電の4時間前から31時間にわたって機能を停止した。

これらの事実は、やはり4時間前から何かが起こっていたことを裏付けるのだろうか？

自然界には現れない超低周波のデータを観測

他にも異常を観測した施設は存在する。波長が数千キロにも及ぶ超低周波の観測で、地震、火山活動、核実験、太陽の異常との関連性を研究している非営利団体のELFRAD（1986年創設）は、地球内部を伝わる超低周波シグナル（0・001～45Hz）をノースカロライナ州アミティー・ヒルで測定している。そのELFRADも、大停電の当日、やはり奇妙なシグナルを観測していたのだ。

次のグラフ③は、時間が見づらいが、Sと示された場所が、大停電が始まった時刻である。縦軸の単位はミリボルト［mV］で、上下の揺れが受信した低周波シグナルの激しさを表している。

それにも増して興味深いのはグラフ④と⑤が示していることである。大停電の4時間前から2時

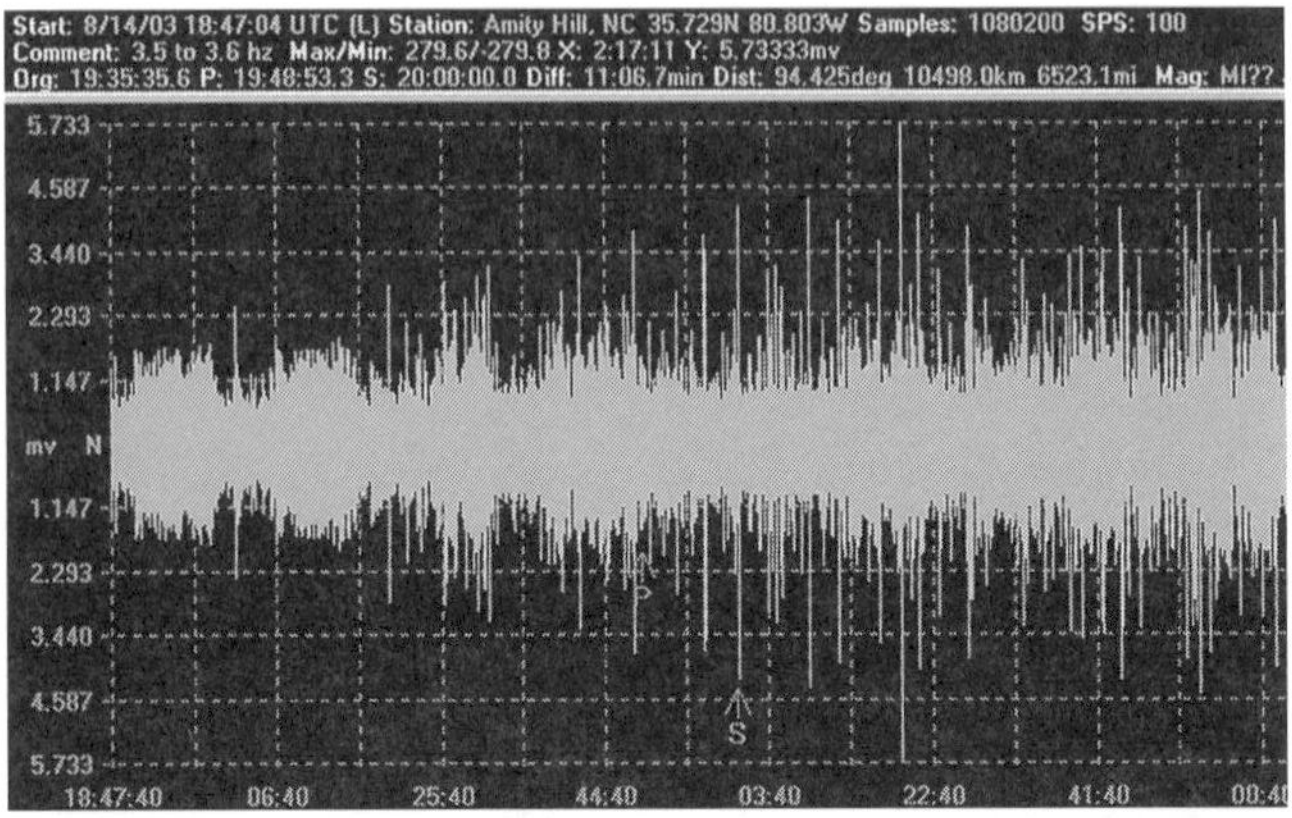
Start: 8/14/03 18:47:04 UTC (L) Station: Amity Hill, NC 35.729N 80.803W Samples: 1080200 SPS: 100
Comment: 3.5 to 3.6 hz Max/Min: 279.6/-279.8 X: 2:17:11 Y: 5.73333mv
Org: 19:35:35.6 P: 19:48:53.3 S: 20:00:00.0 Diff: 11:06.7min Dist: 94.425deg 10498.0km 6523.1mi Mag: MI??
5.733
4.587
3.440
2.293
1.147
mv N
1.147
2.293
3.440
4.587
5.733
P
S
18:47:40
06:40
25:40
44:40
03:40
22:40
41:40

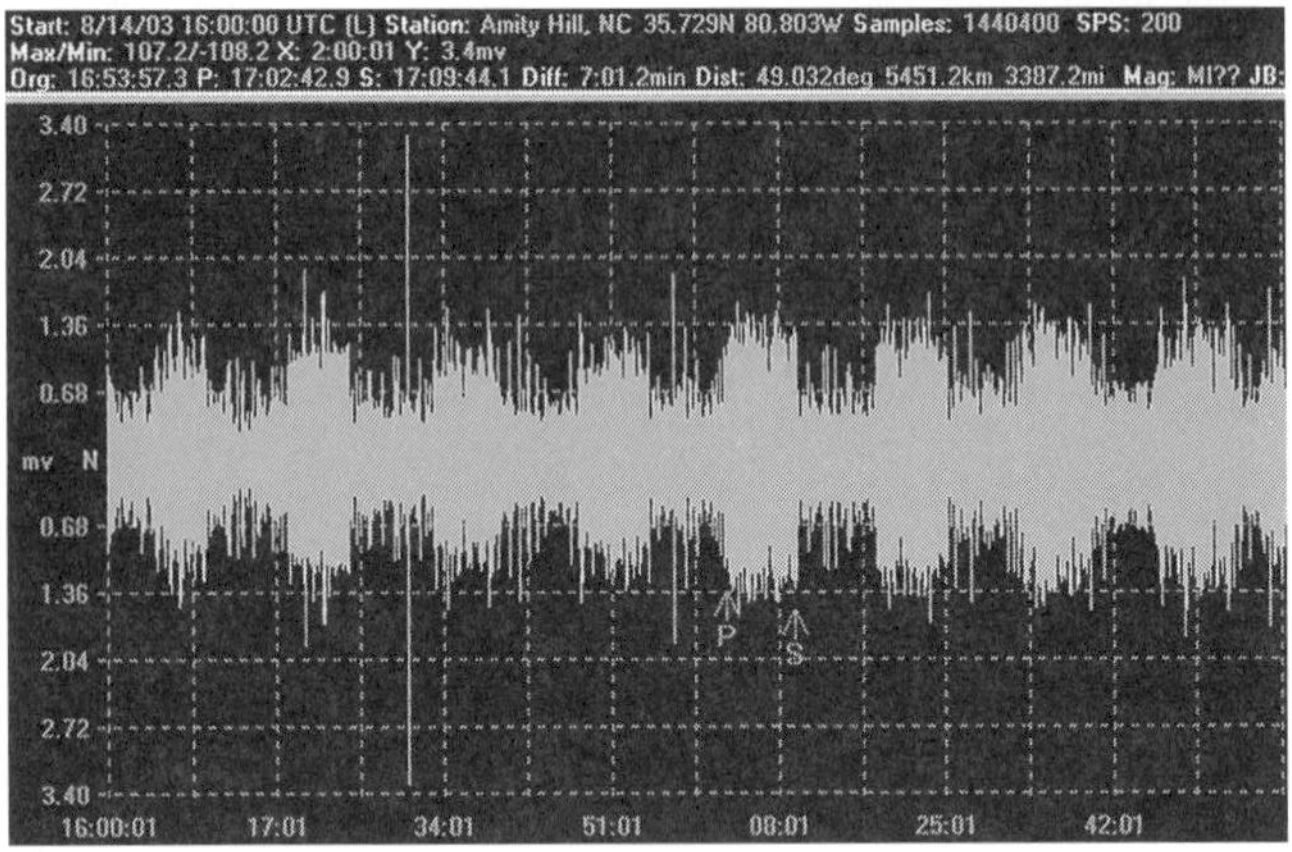
Start: 8/14/03 16:00:00 UTC (L) Station: Amity Hill, NC 35.729N 80.803W Samples: 1440400 SPS: 200
Max/Min: 107.2/-108.2 X: 2:00:01 Y: 3.4mv
Org: 16:53:57.3 P: 17:02:42.9 S: 17:09:44.1 Diff: 7:01.2min Dist: 49.032deg 5451.2km 3387.2mi Mag: MI?? JB:
3.40
2.72
2.04
1.36
0.68
mv N
0.68
1.36
2.04
2.72
3.40
P
S
16:00:01
17:01
34:01
51:01
08:01
25:01
42:01

上：グラフ③　下：グラフ④

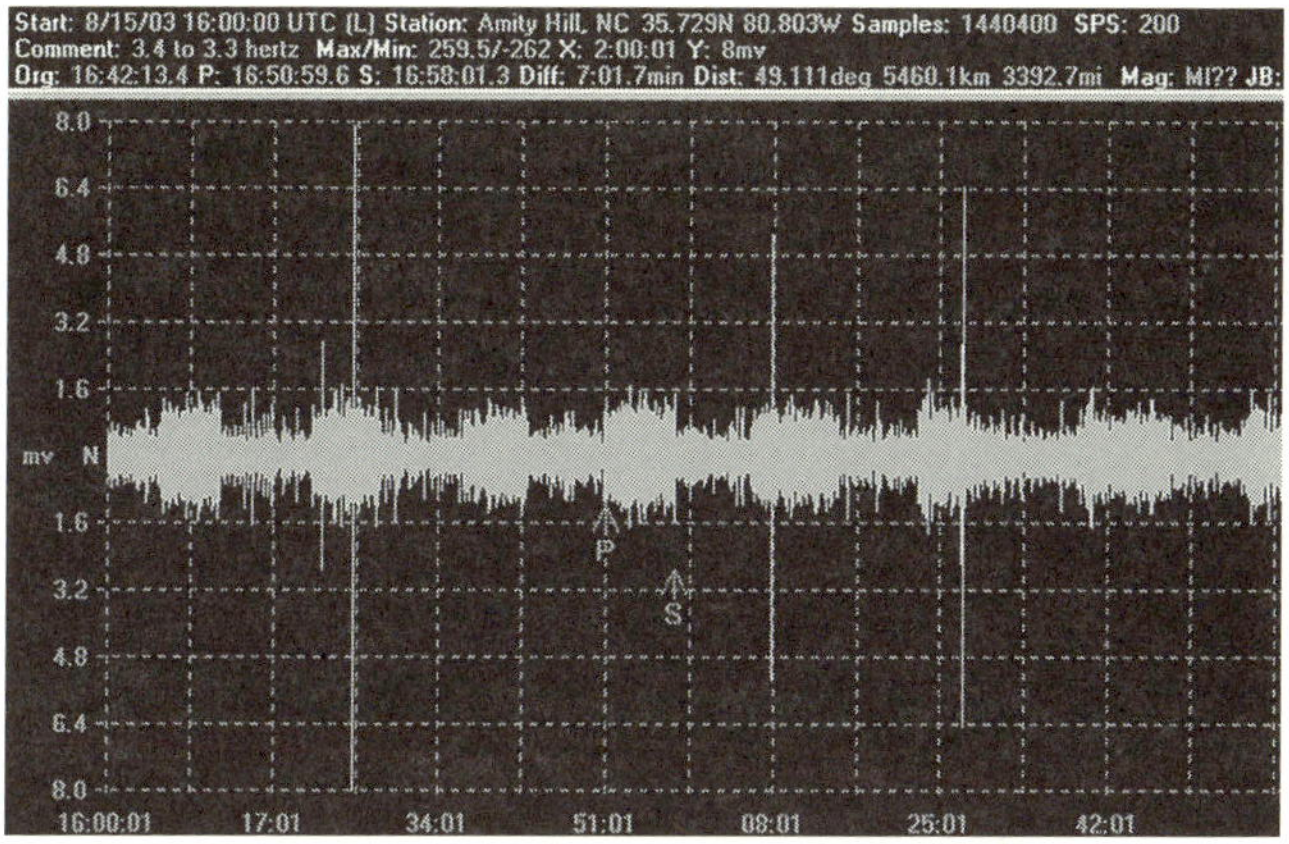

グラフ⑤

ELFRAD で使用されている極低周波受信機

間前までのものだが、約8分ごとに電磁波が強くなっている。つまり、大停電の約4時間前から低周波が周期的に強まり、大停電が始まると、激しさゆえか、低周波が消滅。そして、復旧された翌日、ある時間帯に再び周期的に強まる低周波が表れたのである。

ＥＬＦＲＡＤでは、この異常な観測データを受けて、観測史上稀に見る謎として、ホームページ上（www.elfrad.org/）で紹介した。自然界においては、約8分という定まった周期で超低周波が表れることは考えられないからである。

そして、0・5〜4Ｈｚの範囲での超低周波が急激に活発化すると、ヒトの脳波のデルタ波に影響を及ぼし、倦怠感を与える可能性があると指摘した。ＥＬＦＲＡＤは、観測したデータからその発生源は特定できていないが、大停電が始まった場所の近くであった可能性が極めて高いという。

関与を疑われたＨＡＡＲＰとは何か

この大停電への関与が疑われたHAARPは、電離層研究装置と呼ばれる装置のアンテナから電離層に高周波を送り、加熱させるという実験を行っている。電離層の50平方キロにわたる範囲にある電子やイオンに高周波のラジオ波エネルギーを照射すれば、電子レンジのマイクロ波が、水の分子を振動させることで冷えた食物を熱するのと同じ原理で、その部分を変質させることができるという。

もちろん、軍はHAARPの実験によって環境破壊がもたらされる懸念はなく、天候やオゾン層にも何の影響もないと主張している。

ならばなぜ、HAARPの施設はアラスカ州のガコナという過疎地を選んで建てられているのか。何しろ地上に設置したアンテナ群から、大規模な発電所10ヵ所が生み出すエネルギーにも匹敵する1・7ギガワット（1ギガワットは10億ワット）という膨大な出力で圧縮された電磁波ビームが電離層に送り込まれるのである。危険がないと素直に受け止めることの方が無理な話であり、警告を発する科学者たちも少なくない。

アラスカ州ガコナにあるHAARPのアンテナ群

実際、ペンタゴンの報告書の中には、「実験が開始されると電波障害を起こすため、軍事施設の近くにアンテナを立てることができない」との、文もある。

また、実験施設からの有害な電波は渡り鳥の方向感覚を狂わせており、FAA（連邦航空局）は、HAARP施設の上空を飛行しないよう航空会社に通達を出している。

さらに、軍との契約でHAARP計画に参加したペンシルベニア州立大学の研究チームは、報告書の中で、電離層に照射する電磁波の増幅を続けていくと、何が起こるかわからないと記している。しかも、大気圏の一部が加熱されると、その部分は高空に向かって上昇を始めるという。つまり、大気圏もそれにつられて同様に上昇することになるのだから、近年話題のオゾンホールどころではない深刻な問題を、地球そして地上のあらゆる生命に与える可能性があるのだ。

壮大な軍事防衛システムとフリーエネルギーの構想

実は、その危険性を決定的に示すものがある。それは、無線周波数エネルギーを電離層に向けて大量照射するという技術に関する特許（パテント番号4686605号＝地球の電離層に変化をもたらす装置と方法）を保有する小さな無名企業が、軍のプロジェクトを受注していることだ。この特許は、テキサス州スプリングス在住の物理学者バーナード・イーストランド博士が1987年に取得したもので、概要は次のようになる。
○地上の広範囲での通信の完全な崩壊
○陸上通信だけでなく、空中及び海中の通信システムの崩壊
○ミサイルや戦闘機の崩壊、偏向、攪乱《かくらん》
○太陽光線の吸収やオゾン、窒素を変えて、気候も変えてしまう

つまり、軍はＨＡＡＲＰによって、壮大なスケールの軍事防衛システムを作ろうとしていることが推測されるのである。しかも、気象まで変化させてしまうというのだから、近年の大型ハリケーンや竜巻、大洪水などの異常気象は、この技術の結果と疑う人がいても無理はない。

そもそも、このＨＡＡＲＰには、電線をまったく使用しないで大電流を供給することが視野にある。ペンシルベニア州立大学で電離層加熱実験を続けているアンソニー・フェラーロ博士によれば、大気圏上層部で発生する高層電流は直流だが、そこに高出力の電磁波を照射して変化を与えると、変圧器などによって自由に電圧を変えられる交流電流に変換できるという。この交流電流はアンテナなどによって空間を伝わっていく（この交流変換が周期的に強弱の現れるシグナルを生み出したのだろうか？）。

実は、これは19世紀末の天才科学者ニコラ・テスラが考案した「世界システム」そのものと思わ

れる。テスラは、高周波振動の電気的共鳴を利用して、巨大な電圧を発生・送信させる拡大送信機を開発。この装置で地球全体を導体とするエネルギーの発生・送信を行おうとした。これは、宇宙空間に無限に存在する宇宙エネルギーを利用した一種のフリーエネルギー装置であり、これに成功すれば、装置建造の初期費用のみで、全世界にただ同然で電力の供給が可能となるはずであった。

ところが、この革命的な構想は、エネルギー供給を独占する企業や国家にとっては、是が非でも食い止めたいものであった。そのため、テスラに近づいた彼らは自分たちの利益になる研究のみを許し、いつのまにか「世界システム」の構想は闇に葬り去られたとされる。

HAARPは、テスラの「世界システム」を悪用しているのかもしれない。

電力業界と政治家の癒着から生み出される庶民支配

電磁波を照射すると停電すら起こる。それは、過去にも発生しており、決して無視できない。

1994年12月15日にガコナのHAARP施設で最初の実験が行われた時、北西部の8州とカナダの一部で原因不明の停電が発生していた。当時は、まだ実験段階で意図せぬ停電だったようだが、現在では十分な研究が重ねられ、意図的に停電を起こすことすら可能と考えられている。

事件当時に発生した電磁波の出所までは確認されていないので、断定はできないが、あのような大停電を起こしうる電磁波照射が可能な存在を消去法で検証していくと、最後まで残るのがHAARPの技術なのだ。

では、もしそれが事実であるとすれば、いったい誰が何の目的で利用したのだろうか？　それを解説するために、政治家と電力業界の関係に言及する必要がありそうだ。

電力、ガスなど直接国民の生活を左右するユーティリティー業界と政界との目にあまる癒着を懸念したフランクリン・ルーズベルトは、1933年にユーティリティー業界からの政治献金を禁止した。それ以後、ユーティリティー業界と政治家との間の不正が問題となることはあまりなかったのだが、1992年、ブッシュ元大統領は、連邦政府が電力規制緩和を行うことを決定し、ユーティリティー業界からの政治献金も合法化した。この功績を評価した電力会社は、2000年の選挙キャンペーンにおいて、民主党への献金額の約7倍にあたる1600万ドルもの大金を共和党に献金した。しかし、エンロンに代表される電力会社は、連邦政府が電力の卸売価格の設定に対して行った規制緩和だけでは物足りず、州レベルでの規制緩和を求めた。

十分な面積と人口から、電力市場として大きな魅力があるカリフォルニア州では、電力会社は3900万ドルを投じて、規制緩和に反対するラルフ・ネーダー氏を1998年の住民投票で退けた。そして、3700万ドルを投じて、規制緩和が電気代を20％削減することになるという嘘《うそ》のキャンペーンを展開した。ところが実際には、カリフォルニア州サンディエゴ市では規制緩和をきっかけに、電気代が300％も上昇。地域によっては何度も停電を余儀なくされるなど、大きな社会問題に発展した。

エンロンは不正会計疑惑で2001年12月に倒産したが、それまでは、ブッシュ大統領をはじめとする政治家と強力なコネで電力規制緩和を得たエンロンはやりたい放題だった。例えば、15MWdのラインに500MWdの電力を供給して意図的に停電を起こし、この状況を打開するという名目で、州に値上げを要請。州は当然のごとく認可したのだ。

エコノミストのアンジェリ・シェフリン氏の計算によると、2000年5月から11月の期間に限定しても、カリフォルニア州の電力会社3社による偽りの行為で、カリフォルニアの消費者は62億ドルもの電気代を余計に負担したことになるという。

一時期、エンロンにも危機が到来したことがあった。2000年12月、クリントン前大統領はカリフォルニア州において、電力価格に上限を定めるプライスキャップ制を設け、エンロンを市場から締め出す措置《そち》を講じたのだ。ところが、現ブッシュ大統領は、大統領に就任して3日目にして、カリフォルニア州でのエンロンのビジネス再開を許したのだ。

政治家との癒着による電力業界の荒稼ぎが表面化しながらも、なおも続く不透明な現状に対して、民主党のグレイ・デイヴィス前カリフォルニア州知事は勇敢にもブッシュ大統領にプライスキャップの設定を申し出て、抵抗を続けてきた。

ところが、電力危機を回避するために州政府が電力業界を支援するという打開策が講じられた影響もあり、カリフォルニア州は382億ドルの赤字を抱えた。そして、共和党が前知事の手腕に疑問を示したことがきっかけで、リコール運動が始まったのだ。ブッシュ大統領の出身地テキサス州では、カリフォルニア州に対して電力を回すだけの余力があったが、決してそれは行わなかった。民主党知事を置いたカリフォルニア州の問題をあえて放置することで、リコール運動を導いてきた感がある。

住民投票は2003年10月7日に実施され、リコールが成立。かくして、アーノルド・シュワルツェネッガー新知事が誕生したのである。有名映画俳優が共和党から出馬したことで、このリコール運動の背後には、電力業界にとって厄介者である前知事の排除という意図があることなど一般に理解されることなく、シュワルツェネッガー氏の勝利に人々はフィーバーした。

さて、この大停電を契機に、送電施設の老朽化も指摘され、再建に500億ドルが投じられることになった。アメリカでは確かに停電が多いが、それは、あくまでもダイナミックな気候の影響を受けた局所的なケースである。また、電力業界が設備投資を怠ってきた背景もある。しかし、一日に数度の停電が起こる発展途上国の状況と比較すれば、中枢のシステムや送電施設自体には深刻な問題はないと判断する専門家もいる。

送電施設の再建で恩恵を得るのは、ブッシュ家を代表とする政治家、電力業界、建設会社などだ。そして、シュワルツェネッガー氏の当選によってこの大きな州が共和党地盤となり、政治家・電力業界の自由度をさらに高めることになった。

このような状況を考えると、この大停電は、被害が拡大するように、事前に安全装置をオフにした上で電磁波照射を行うことで利益を得る連中の自作自演劇（実験）であった可能性すら見えてくる。しかも、敢えて市民に不安と混乱を与えることで、政府依存体質を作り上げようとする、長期的な心理作戦の一環であったという憶測まであるのだ。

数々のマインド・コントロール兵器使用の痕跡

ＨＡＡＲＰは、人の精神機能に変化をもたらす装置として利用される可能性をも秘めている。ＨＡＡＲＰの管理者ジョン・ヘクシャーは、ハープ型送信機で用いられる周波数とエネルギーは調整可能で、しかも使用目的に応じて1～20Ｈｚの周波数帯域電波を使用すると明言している。20Ｈｚ以下の電磁波は、人間の脳波に干渉して悪影響を与える可能性がある。そのような低周波の実験を繰り返し行ってきているＨＡＡＲＰは、マインド・コントロールも視野に入れた研究であるとも言えるかもしれない。

かつてのマインド・コントロールは、薬物や催眠術の利用が一般的だった。しかし、近年の技術は格段に向上しており、電磁波を直接人間の脳に送り込み、それによって精神をコントロールする方法がすでに確立しているといわれている。

例えば、1992年3月から、電磁波をゆっくりと継続的に照射して、大衆の精神をコントロールするテストがロサンゼルスで行われ、大成功を収めたといわれている。その2ヵ月後の5月に発生した「ロサンゼルス暴動」は、その成果だという説すら存在するのだ。

1993年1月14日付『ウォール・ストリート・ジャーナル』紙では、電磁波を利用した「ノン・リーサル・ウェポン（非殺戮性兵器）」が軍によって開発されていることを示唆する記事が掲載された。そして、同年4月号の『国際防衛レビュー』誌でも、敵の士気を無力化するマイクロ波や電磁波パルスを用いた兵器の存在が公表された。

そして10年後の2003年3月には、20億ワットという強力な高出力マイクロ波（HPM）で半径200m以内にある電子・通信機器を使用不能にするマイクロ波照射弾（E－BOMB）が、イラク戦争で使われたと、米CBSは報じている。

また、衝撃波が数キロ先まで届き、大きな音がするので、戦意喪失という心理的な効果があるといわれる燃料気化爆弾も使用された。この燃料気化爆弾がマインド・コントロールに効果を上げる兵器であるとはいわないが、ロスアラモス国立研究所で、少なくとも20種類以上の非殺戮性兵器の開発に携わってきたジョン・アレキサンダー元陸軍大佐は、1997年の時点で次のような発言をしている。

「16Hz内外の低周波は内臓に作用して、人に不快な気分を与えます。こうした使用法はすぐに実現するでしょう。それを利用して暴動を阻止するなど、群衆の管理、つまり、マス・コントロールのために用いる可能性は否定できません」

驚くことに、それよりも17年も前に、彼はサイコトロニック兵器（電子技術を駆使した向精神性装置）と呼ばれる、直接人体には触れず脳の電気的機能に作用を及ぼす武器について言及。『ミリタリー・レビュー』誌の１９８０年12月号で、次のような注目すべき発言をしていたのだ。

「人間の精神に働きかけるこの種の武器はすでに存在しており、その能力も検証済みである」

選んだターゲットにホログラフィー（レーザー写真技術）による仮想現実を見せ、さらに超低周波によって直接脳に人造会話を送り込む方法も可能だという。例えば、電離層を操作し、天空を巨大なスクリーンとして、そこにホログラフィーによる立体映像を映し出したり、直接脳に意図的なメッセージを送り込む。そのような兵器がイラク戦争で使用されたかもしれないのだ。

以上は、あくまでも一ジャーナリストとして、アメリカ国内で飛び交った憶測とその背景を紹介したもので、因果関係を証明したものではない。

北米東部を襲った大停電に軍が関与し、それがマインド・コントロールをも視野に入れた実験であったとまでは思えないが、事件の背後に人工的な電磁波が発生していたことは観測結果が明示している。また、アメリカ政府の軍事面での秘密主義が、アメリカ市民に様々な疑惑と不安を募らせていることは事実である。我々は自国の出来事ばかりでなく、地球環境と地上の全生物を守るためにも、この地球上で行われる人間活動には注意を払っていく必要があるかもしれない。

第六章

誰が電気自動車を殺したのか

――石油業界、政界、自動車業界を結ぶ危険な関係

夢の人気電気自動車がなぜ次々とスクラップにされたのか

日本ではあまり話題とならなかったが、2006年6月30日、アメリカでは映画『Who Killed the Electric Car?（誰が電気自動車を殺したか？）』が公開された。この映画は、3年ほど前までアメリカで利用されていた電気自動車が、顧客の高い購買意欲に反して、メーカーに回収されて次々とスクラップにされていった謎を振り返り、その背後に石油業界、政界、自動車業界の複雑で危うい関係があったことをほのめかしつつ、消費者も彼らの大々的キャンペーンでSUV（Sports Utility Vehicle）ブームに安易に乗ってしまった過去十数年間を批判的に捉えたドキュメンタリーだ。

首都ワシントンDCにあるスミソニアン博物館群の一つ、国立アメリカ歴史博物館（National Museum of American History）では、今や伝説となったGMの電気自動車EV1が展示されていたが、2006年6月15日に突如撤去された。撤去された時期が、同映画の公開直前であったため、『ワシントン・ポスト』紙が報じたこのニュースはさらに疑惑を呼んだ。

1990年、米カリフォルニア州では1998年までに販売される全新車の2%、2001年までに5%、2003年までには10%を無排気車輛（ZEV＝Zero-Emissions Vehicle）に規制する法案が可決されたことから、大手自動車メーカーは積極的な設備投資を行い、次々と電気自動車を

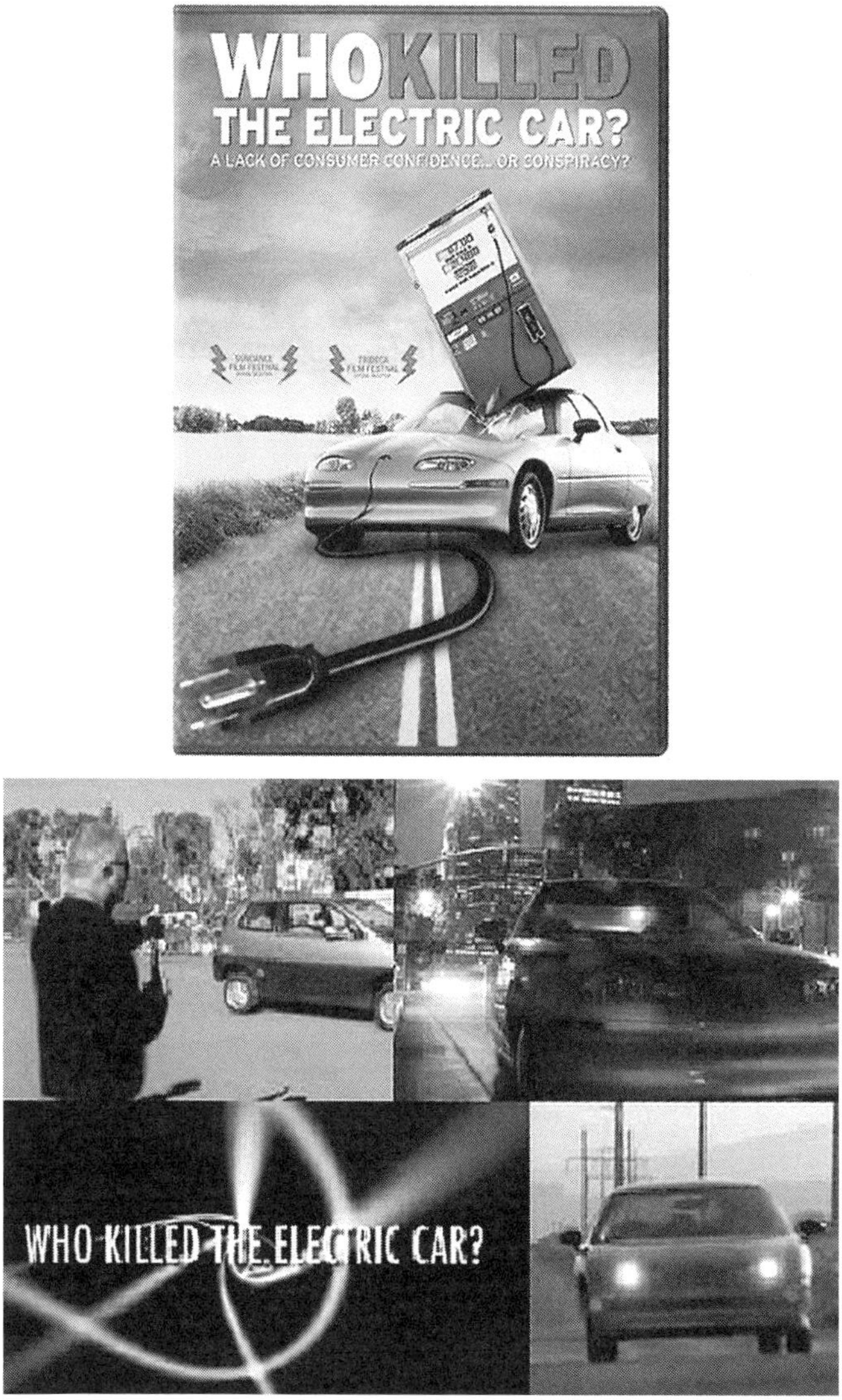

映画『Who killed the Electric Car?』

GMの電気自動車EV1　写真：Smithsonian Institution, Photo by Jeff Tinsley

開発・発売した。ＧＭは10億ドルを超える巨額投資を行い、スポーツカー「ＥＶ１」を誕生させた。ＥＶ１は、まだ強力なリチウム・イオン電池も普及していなかった１９９４年のテスト走行時に、時速２９５キロのスピードを達成。市場ではパワーを落とした普及版が１９９６年から１９９９年まで販売されたが、後期のＮｉＭＨ電池を使用した市販モデルでも、時速60マイル（96キロ）に達するまでに８秒以下、１回６〜８時間の充電で約２４０キロの走行が可能という、優秀な電気自動車であった。ちなみに、リース価格は月額３５０〜５７０ドル程度で、総計１１１７台が生産された。

フォードからはRanger EV、クライスラーからはTEVanなどが販売され、日本の自動車メーカーも、ホンダはEV Plus、トヨタはRAV4 EV、日産はAltraなどを販売した。

ＧＭのＥＶ１に限らず、各メーカーが投入した電気自動車は極めて優秀な走行性能を備えていたばかりでなく、エアバッグ、ABS、エアコン、カーステレオ、パワー・ウィンドウ、キーレス・エントリーなど、安全性・快適性も十分であった。排気ガスをまったく出さず、タイアと路面の摩擦から生じるノイズ以外はほぼ無音という電気自動車は、21世紀を目前にして実用化された、まさに画期的な自動車であった。

そのため、ハリウッド・スターをはじめとした著名人や、環境問題を真剣に考える人々が積極的に購入し、電気自動車の人気は高まった。実際に乗れるまでどれだけの年月を要するのかわからないウェイティング・リストに名を連ね、気長に待ってようやく購入に至るというのがカリフォルニア州での状況であった。

政府による異例の訴訟介入と突然の方向転換

ところが、2001年になると状況は一転。カリフォルニア州の大気資源委員会(California Air Resources Board)はZEV規制を緩和して、自動車メーカーにハイブリッド車のような部分的なZEVを認める方向転換を打ち出したのだ。巨額投資を行ってきたGMとダイムラー・クライスラーは、新ZEV規制が連邦政府の方針に違反するとして、カリフォルニア州と大気資源委員会を訴えた。ハイブリッド車は従来の車よりも少ないとはいえ排気ガスが発生することには変わりがない点を争点にしたのだ。

しかし、2002年10月9日、ブッシュ政権が異例の訴訟介入を行い、規制は燃費を基準とするように主張した。そして、2003年4月、空気資源委員会はZEV規制を修正（緩和）し、さらに水素を利用した燃料電池車やハイブリッド車を生産するように業界に促した。その後、自動車業界は同年10月に訴訟を取り下げることとなったのである。

この流れを受けて、GMはEV1のリース・プログラム中止を決定し、最後のリース契約は2004年8月に満了した。GMは、EV1の販売は利益にならず、需要を満たすものではなかったと説明したが、現実には、プログラム中止時には5000人以上ものリース予約者がおり、評判も極めてよかった。

リース契約者の多くは、契約期間満了後の買い取りを求めたが、GMはそれを認めず、大学や博物館等へ寄贈したもの以外はすべて回収し、最終的にスクラップにしたのだ。スクラップ業者は、理由を一切知らされないまま、新車同様の電気自動車をスクラップにするよう、ディーラーに頼まれたという。これは、GMに限らず、他の自動車メーカーの電気自動車でも同様だった。そして、カリフォルニア州の各地に設置されていた充電スタンドも、次々と撤去されていった。

2003年7月24日付の『LA Times』紙は、奇妙な葬儀に関する記事を掲載した。電気自動車のリース客らが、契約満了でディーラーに車を返す前に集合し、愛車に最後の別れを告げるというこの葬儀を企画したのが、映画『Who Killed the Electric Car?』の監督、クリス・ペイン氏である。

彼自身、GMのEV1をリースしており、何かがおかしいことを人々に訴えたかったのだ。

電気自動車の人気を恐れた石油業界が政府に働きかけたのか

そもそも電気自動車の販売に関しては、すべてのディーラーに異例の条件が付けられていた。基本は3年間のリース契約による販売で、契約期限満了後の買い取りは許されず、メーカーに返却することが義務づけられていたのだ。莫大な開発費を考えれば、販売価格をかなり高く設定せねばならない事情は理解できるが、消費者に所有権を与えたくなかった背景も感じられる。

カリフォルニア州でのZEV規制が修正されたことを受けて、リース契約車が回収された際、自動車メーカー各社は、テスト販売が終了したことや、需要がなく採算が取れなかったことを消費者に説明した。しかし、それならば、なぜGMやクライスラーはカリフォルニア州や大気資源委員会を訴える行動を取ったのか。その時までは、彼らは本気で設備投資を行い、顧客満足度の高い電気自動車を製造していたことは確かである。充電スタンドも各地に設置され、家庭でも充電することができた。いずれ十分に採算が取れただろうし、販売を続けなければ、ドブに金を捨てることになると感じたからこそ訴訟を起こしたはずだ。テスト販売のためだけに10億ドルを超える投資を行ったとは考えにくい。

スクラップにされたGMの電気自動車EV1

また、カリフォルニア州の大気資源委員会がZEV規制を修正・緩和したところで、100%無排気車輛の優位性はなおも存在する。ハイブリッド車と比較して、どちらがより環境にやさしいかは、誰の目からも明らかだ。もちろん、ガソリンしか入手できない場所への長距離ドライブなどを考えれば、ハイブリッド車を選択する人々も少なくないだろうが、無排気の電気自動車を選択する人々も同様に多くいるはずだ。にもかかわらず、自動車メーカーが電気自動車の製造を全面的に中止したのには、相当の理由があったはずである。

おそらく、少なくとも当時のブッシュ政権下では行政の支援は得られず、電気自動車を製造・販売し続ける努力は報われないという判断が下されたのだろう。ブッシュ政権は、電気自動車よりも、水素エネルギーを利用した燃料電池車や、ガソリン・エンジンとのハイブリッド車を推奨する方針を打ち出したからだ。

ひとたび電気自動車を販売してみたら、著名人がリース契約を行い、電気自動車の良さを訴えるなど、予想以上に評判が良かった。爆発的な人気となることを恐れた石油業界がブッシュ政権に働きかけ、ZEV規制の修正を急いだ可能性も、この国がイラク戦争に踏み切った背景を考えれば、簡単には否定できない。

そこで、自動車メーカーとしても、最悪の場合、電気自動車が回収される運命になることを予《あらかじ》め想定していたのかもしれない。もしリース契約でなければ、その後もパーツ等の生産は続け、サポートも行う必要がある。また、一度売ってしまった車を強制的に回収することは困難で、訴訟に発展することも考えられる。そのため、あえて買い取り不可のリース契約による販売を選択したのだろう。

環境にやさしい車を排除するエネルギー政策

このような背景を振り返ってみると、自動車メーカー側にも苦渋の選択があったように思われる。というのも、エンジニアは、電気自動車のような最先端の車輛を研究・開発することは、誇りに感じることであり、さらに進めたいと考えて当然である。ところが、石油業界と交流を持つ、自動車メーカーの上層部では、関連業界の意向も無視できない。

電気自動車は従来のガソリン・エンジン車と比べて、非常にシンプルな構造をしている。当時、3年ごとに必要と思われたバッテリーの交換以外は、メンテナンスがあまり必要ないので、販売後の修理やパーツ販売などアフターケアで見込める利益は少なく、従来車ほど、大きな利益が望めないと判断したのかもしれない。

しかも、電気自動車用のバッテリーやモーターなど、各パーツは自動車業界外のメーカーでも開発できる（電気自動車には直接関係しないが、2004年には総合音響メーカーのBOSEが電磁的アプローチによる理想的な自動車用新型サスペンションの開発に成功している）。そのため、長年自動車メーカーが培《つちか》ってきたエンジン開発など、独自技術の価値が希薄化し、その点でも努力が報われないばかりか、会社存続の危機に繋がる可能性もある。

それゆえか、90年代の同時期に、自動車メーカー各社は果敢な宣伝攻勢でSUVブームに火を付けた。SUVの多くは、大排気量のガソリン・エンジンを搭載した四輪駆動車で、圧倒的なパワーを売りにする商品だ。1台あたりの利益率も極めて高く、自動車業界にとっても、石油業界にとっても大歓迎の商品なのだ。ただ同然で携帯電話を販売して、その後の通話料やパケット代で利益を出すビジネスや、廉価のプリンターを販売して、その後に高価なインクカートリッジで利益を上げるビジネス同様、いや、それ以上にSUVの販売ははるかに旨味があり、関連業界全体の利益に大きく貢献するビジネスといえるのだ。稼ぎ頭の商品に広告費を集中投下するのは企業の常で、著名スポーツ選手などをCMに起用して、「安全で力強い車」をアピール。大排気量化も、年々進んだ。

そして、信じがたいことに、SUVを購入した消費者には、税金が控除されるまでに至ったのだ。排気ガスのない環境にやさしい車よりも、燃費が悪く、排ガス量の多いSUVの購入が市民に奨励されたということだ。

ブッシュ政権が打ち出したエネルギー政策と、このような流れを考えると、自動車メーカーがカリフォルニア州で起こした訴訟を取り下げるに至った理由には納得がいく。ひょっとすると、「電気自動車の穴はSUVで埋めればいいじゃないか！　お互いにとって悪い選択ではないのでは？」といった声が、当時、石油業界や政治家からかけられたのかもしれない……。

電気自動車の販売抑制にメディアも一枚噛んだ⁉

電気自動車の歴史は、実のところ19世紀末頃まで遡り、あのスポーツカーのポルシェが、創業時には電気自動車を製造していたことは有名な話である。1920年頃まで、富裕層は電気自動車に乗り、煙を上げて走るガソリン車をけむたがっていたのだった。

電気自動車が廃《すた》れていった最大の理由は、当時、石油の方が圧倒的に安く、入手が楽だったからとされている。その後も電気を動力に利用した乗り物が登場したが、化石燃料を利用した内燃機関を普及させようとした人々の存在が大きく立ちはだかった。

例えば、1920年代から、GMは石油業界の力を借りて、電気車輌であったトロリーバスなどの会社を買収して廃線に追い込むと、石油を利用した内燃機関に切り替える方針を打ち出した。1946年には全米80都市で運行されていたトロリー・システムは、今日ではほとんど消えてしまった。そして、1953年、GMの元社長チャールズ・ウィルソン氏は国防長官に就任し、当時最大のプロジェクトとなった大規模なハイウェイ構築を実現させた。そのあたりから、ガソリン垂れ流しの通称「アメ車」の隆盛と大気汚染が世界的に波及していくことになったといえるかもしれない。

かつては電気車輌を潰してガソリン車を奨励したGMが、トップレベルの電気自動車を開発したにもかかわらず、自ら潰さざるを得ない状況に至ったことは皮肉なことである。

意外かもしれないが、高性能な電気自動車がカリフォルニア州で販売されていたことを知るアメリカ人は多くはない。その理由には、次のようなことが考えられる。

まず、アリゾナ州など一部を除き、ほぼすべての電気自動車がカリフォルニア州でのみ販売された。アメリカでは全国ネットのテレビや新聞はあまりないため、州外に情報は伝わりにくい。しかも、投資資金の回収を目指すはずの自動車メーカー各社は、不思議なことにカリフォルニア州内でも、ほとんど電気自動車の宣伝を行わなかった。メディアが政治家や石油業界と繋がっていて、電気自動車のCMを受け入れなかった可能性もある。だが、自動車メーカー各社のホームページでも、電気自動車を商品ラインアップから外していることから、メディアの問題というよりは、むしろ自動車メーカー自身が電気自動車の営業活動を抑えていたと考えるべきだろう。また、リース契約を主体とした販売であったことも影響したと思われる。

さらに、その存在が力強く安全であるというコンセプトのSUVブームの陰に隠れてしまったこともある。

一方で、我々消費者にも反省すべき点はある。日本人も含めて、消費者が安易にSUVブームに乗ってしまった事実は無視できない。どの自動車メーカーでも、消費者のニーズを調査して商品開発を行っているからだ。

しかし、不幸中の幸いというか、景気低迷が長引く現在の日本では、燃費が良く、より環境にやさしい実用的な小型車を見直す傾向は確実に現れてきており、日本人の環境に対する意識は国際的にも高いといえる。今後、景気が上向いたとしても、環境への配慮を怠らない意識が日本に根付き、海外へも広がっていくことを期待したい。

日本の大手自動車メーカーはなぜ販売に動かないのか

さて、アメリカでの状況と異なり、日本国内では電気自動車は密かなブームとなっている。中古の軽自動車を安く入手して、電気自動車に改造したり、市販の電気自動車をパワーアップする人々

上：タケオカ自動車工芸の電気自動車「Reva」 車輌価格179万円、補助金48万円
下：光岡自動車の電気自動車「Convoy88／ME-2」 車輌価格90万円〜、補助金９万円

は着実に増えている。インターネットでも改造に必要なパーツが購入でき、毎年、大手企業協賛の電気自動車のレースも開催されている。どの程度の性能のバッテリーやモーターを利用するか次第で費用に大きく差が出るが、50万円程度から改造は可能といった類の情報が、最近はテレビでも紹介されるようになった。

しかし、市販車販売に関しては、大手自動車メーカーは見送っており、電気自動車の販売を行っているのは中小のメーカーに限られているのが現状だ。また、国内でも電気自動車が市販されていることを知っている消費者は少なく、政府は電気自動車の購入者に対して補助金を出しているのだが、その制度の存在自体も消費者に伝わっていない。もし、大手自動車メーカーが販売すれば、現在の軽自動車と同等クラスの走行性能・快適性を備えた電気自動車が、大量生産により100万円以下で販売可能になるだろう。そうすれば、爆発的な普及は見込めるだろうが、日本の大手自動車メーカーは動かない。

自動車メーカーのエンジニアからすれば、電気自動車の製造は続けたいだろうが、政治的な動きと裏事情を知る上層部からは、研究開発費をこれ以上増やせないというところだろうか。北米の動向を見ると、確かに流れはハイブリッド車やバイオ燃料車、燃料電池車に向かっているのだから。

しかし、あまり様子見を続けていると、小さな自動車メーカーが発売する電気自動車が、次第に市場を侵食して、無視できないシェアを奪われる恐れもあり、大手自動車メーカーはジレンマを抱えている状態かもしれない。

慶應義塾大学電気自動車研究室が開発した電気自動車「エリーカ」

現在、世界最速の電気自動車とされる「エリーカ」は、慶應義塾大学と企業38社が共同開発したもので、最高時速400キロを目指し、国内の自動車メーカーとの提携も視野に研究を続けている。しかし、電気自動車の歴史は古く、大手自動車メーカーは、独自技術で高性能なスポーツカーを製造できる技術を有しており、リチウム・イオン電池が普及していなかった10年以上前に、ある意味、実用化に成功してきた。GMをはじめとする自動車メーカー各社は、さらなる性能アップを目指した開発を控えて、あえてトップの座を譲ってきた背景があることも考慮の上、今後の方針を検討していく必要があるだろう。

代替エネルギー車の研究開発はここまできている

代替エネルギーを利用した車は電気自動車だけではない。

例えば、バイオ燃料車。近年、注目度が高まり、その燃料となる穀物価格の高騰を招いている。バイオ燃料は、植物性の物質を利用して作られる自動車用の燃料だ。具体的には木材などからエタノールやメタノール、食用油などからメチルエステルなどを作り、これを自動車用燃料としてそのままエンジンで燃やしたり、ガソリンや軽油と混ぜて利用される。バイオ燃料を燃やして二酸化炭素を発生させても、原料となる植物を栽培し、その時に植物が二酸化炭素を光合成して新たに酸素を生み出すため、実質的に放出される二酸化炭素が相殺《そうさい》され、地球にやさしいといわれている。

しかし、問題点も多い。生ゴミや廃棄物から燃料を取り出す方法などは、資源の有効活用に繋がるが、排ガスとして人体に有害なアルデヒドや窒素酸化物を発生させる。また、植物を栽培する農地の確保、収穫までに要する時間、収穫後の工場への運搬、燃料生成までの工程や人件費、食料としての供給に影響が出るなど、あまり効率がいいとはいえない。また、そのプロセスで生じる排ガスも考慮すれば、やはり二酸化炭素が多く発生する点で、抜本的な解決とはなり難い。あえてバイオ燃料を使うとすれば、せめて食料供給には大きな影響を与えない、年三回収穫可能な麻（ヘン

日産自動車がハイヤー用に納車した燃料電池車「X-TRAIL FCV」

プ）などの利用が有力な候補となるだろう。ちなみに紙の製造に必要なパルプとしても麻は有効で、森林伐採を最小限に食い止めることにも寄与する。

また、ブッシュ政権も支持する燃料電池車の存在も忘れてはならない。燃料電池は水を電気分解すると水素と酸素ができる化学反応の逆を応用し、水素と酸素を結合させて電気をつくる。燃焼や爆発を起こさずに電気をつくるため、クリーンで無駄のない形でエネルギーを利用できるのだ。燃料電池車は一種の水素自動車なのだが、既存のガソリン・エンジンを改良して水素を直接燃焼させるタイプと区別するために、通常は燃料電池車と呼ばれる。

ただ、この燃料電池車には光と闇が同居しており、現時点でどちらに転ぶか見定め難い。製造コストが高く、水素充塡《じゅうてん》スタンドの設置などインフラ整備には20年程度は要するだろう。また、完成車からは二酸化炭素は放出されないが、現行の天然ガス改質で燃料となる水素を生み出す場合、多量の二酸化炭素が排出され、エコロジーという観点ではハイブリッド車と大差はない。

しかし、最近では極めて廉価な合金を水道水に入れるだけで、大量に水素を発生させる方法や、太陽電池で生成された電気で、水を分解して水素を取り出す方法に成功したという話も耳にする。一方で、水を酸素と水素に分解して、ブラウンガスとして混合する方法で、エネルギー効率を高められる可能性も見えてきた。こうした新たな方法が確立されれば、化石燃料に依存せず、二酸化炭素の排出なくして水素を製造できるようになり、燃料電池車・水素自動車の存在感が急速に高まるかもしれない。また、燃料電池が家庭用コージェネレーションとして注目されつつあり、これも後押しする可能性もある。

いま注目される圧縮空気エンジン

電気自動車、バイオ燃料車、燃料電池車（水素自動車）などについて触れてきたが、まだ普及レベルに至っていない燃料電池車を除くと、環境面で電気自動車を凌《しの》ぐのは、おそらく圧縮空気エンジン車だろう。

タンクに圧縮して詰め込まれた空気を放出することで特殊なエンジンを駆動して動力を得る圧縮

上：MDI 社の 3 人乗り圧縮空気エンジン車「MiniCAT」
下：MDI 社の 6 人乗り圧縮空気エンジン車「CityCAT」

空気エンジン車は、すでにヨーロッパでは極めて廉価で販売されている。家庭用電源からコンプレッサーで空気を充填でき、電気自動車のように大容量のバッテリーを搭載する必要もなく、空気がそのまま排出される。

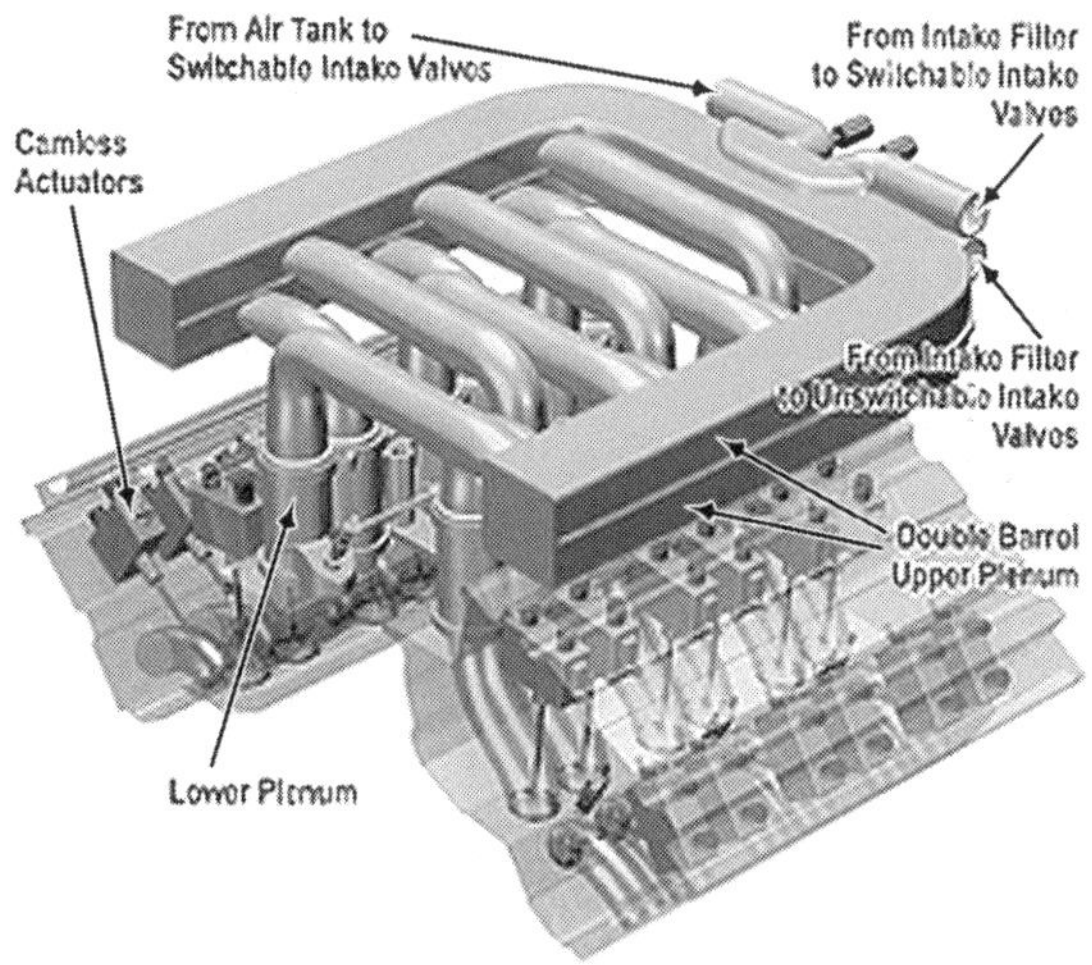

UCLA教授Tsu-Chin Tsao氏とフォードが開発したエアー・ハイブリッド・エンジン

難点は、大型商用車を駆動できるほどのパワーが得られないことだが、すでに販売されているMDI社（ルクセンブルク）の6人乗りのミニバンでも、最高時速110キロ、1回の空気充填で200〜300キロの走行が可能なため、一般車としてはまったく問題はない。価格は3人乗りのMiniCATで6860ユーロ（約100万円）、6人乗りのCityCATで9460ユーロ（約150万円）。空気充填に要する時間は、家庭用230Vのコンプレッサーを利用すると3時間半から5時間半、専用スタンドを利用すると僅か3分ほどだ。100キロあたりのコストも僅かに0・75ユーロ（約115円）で、平均的な家庭のニーズは十分に満たしているのだ。

オーストラリアのEngineAir Pty社でも圧縮空気エンジン車を開発・販売しており、最新のロータリー式エンジンでのパワーアップが注目されている。

大手メーカーでは、米フォードが近くガソリン・エンジンと圧縮空気エンジンのハイブリッド車を投入する予定になっており、ようやく圧縮空気エンジンも存在感を示すことになりそうだ。

究極の水エンジンは存在するのか？

放送エンジニアとして放送業界に勤め、テレビ局のオーナーでもあったフロリダ州在住のジョン・キャンザス氏（63歳）は、珍しい種類の白血病と診断され、引退後は自分の知識と技術を生かして、ガン治療器を発明したいと考えていた。

数年前のある夜、キャンザス氏は電波がガン細胞を破壊できるとひらめき、２００３年、電波発生器を製造した。彼が開発した装置は、放射線は出さず、他の電波治療と異なり、非侵襲（他に悪影響を及ぼさない）である。

金または炭素のナノ粒子溶液を注射すると、それらの粒子は体を伝わって、病んだ細胞（ガン細胞）に集まって付着する。そこで、電波発生器を利用すると、ナノ粒子が付着したガン細胞だけが熱せられ、死滅するというのだ。

現在のところ、動物実験が行われており、すでにヒューストンのアンダーソン癌センターでは目覚ましい成果が得られているという。2年後に予定されている臨床実験を前にさらなる検証が必要とされるが、今後が期待される治療法といえるかもしれない。

ところで、このガン治療器は、予期せぬところでも注目を浴びている。ある日、キャンザス氏の機械を見学しにきた人が、海水（塩水）を真水に変えることはできるかと質問した。そこで、キャンザス氏は海水を自分の電波発生器にかけたところ、意外なことに、海水は燃え出したのだ。もし、水にある電波を照射することで、その物性が変化して燃焼可能な液体が生み出されるのであれば、新たなエネルギー産出法として期待できる。

だが、ある大学の化学者が分析を行ったところ、水を電気分解して水素を取り出す、水素エンジンの前段階と同様の現象と見なされたという報告もあり、水自体の物性を変化させて燃焼可能な液体燃料となっているのか疑問は残る。また、燃焼で生み出されるエネルギーより、電波発生器で消費されるエネルギーの方が大きく、実用化への道のりは険しいとの声もある。

これまで、水自体を燃料として燃焼させることは、一般的には不可能とされ、今日まで成功した人は存在しないとされている。過去には何人もの人々が、ガソリンに代わる燃料で自動車を動かせることをデモンストレーションしてきたが、不思議なことに、そのうちの何人かの主張は共通している。石炭から緑色の微粒子を取り出し、それを水に加えることで、ガソリン以上に効率のいい燃料が作れるというのである。その緑色の微粒子が実際にガソリンに変わる燃料に成りえたのかどうかは、今なお謎に包まれたままである。

しかし、キャンザス氏の発明は今後検証していく価値があると思われ、たとえ水エンジンとして利用できなくとも、水素発生器開発の参考になるように思われる。

近年では、他にも水エンジンの可能性を期待させる発明が報告されている。

例えば、オーストラリアの匿名の人物が、水の極性をマイナスに変化させることで（註、negative charged water と説明されており、具体的にどのような状態を指すのか詳細はわからない）、燃焼可能な状態にすることに成功。ガソリン車にわずかな改造を加えて、走行実験にも成功したとされる。そして、2005年春にソル・ミリン氏はバイロン・ニュー・エネルギー（BNE）と命名した研究グループを結成し、この匿名の人物が発見したエネルギーの普及を目指して研究を続けている。

また、ニュージーランド・オークランド在住のスティーブ・ライアン氏は、水から水素を分離したり、タンクに貯めることなく、極めて小型かつ廉価な機械で水分子を変化させ、その水を燃料に、従来のエンジンを転用して数年前よりオートバイを走らせている。

一方、フィリピン人のダニエル・ディンゲル氏は、驚くべきことに、40年も前に水エンジン車の開発に成功している。厳密にいえば水素自動車なのだが、車体以外に必要なものは、燃料となる水道水や海水だけ。既存のものと違って、自動車本体と独立させた水素発生装置や水素充填スタンドも必要ない。ディンゲル氏は、コンパクトな水素発生器をエンジンルーム内に設置して、水さえ入れれば、あとは、ボタン一つで簡単に水素を発生させる水素自動車を完成させたのだ。しかも、簡単な切り替えで、ガソリン・エンジン車として走らせることができ、燃費も水1リットルあたり約1時間の走行が可能だという。

この技術は40年も前に完成していながら、政界・産業界の意向に合わないがために、残念ながら今日まで普及して来なかった。ディンゲル氏が開発したものは、「水素自動車」としては従来の燃料電池車（水素自動車）よりはるかに理想形に近い。また、電気自動車や圧縮空気エンジン車と比べてもコスト面で優れていて、排ガスに問題が無ければ、近未来のエコカーとしてはダークホース的存在といえそうだ。

さて、純粋な水エンジン車が存在しているのかどうかに関していえば、正直、よくわからない。ただ、すでに実用化に及んでいたり、メカニズムもしっかり確立された他の動力源を利用した、エコロジカルな自動車は現実に存在している。そうした技術を利用するだけでも、十分世界は変わっていくだろう。

化石燃料依存のシナリオが書き換えられる時

地球環境を救う技術は100年以上前から存在していた。電気自動車が普及しなかった背景には、化石燃料という富を実らす木に群がる政界と産業界の上層部の思惑があることは明らかである。

ブッシュ政権がハイブリッド車やバイオ燃料対応車を推奨する理由は、消費量は少なくなっても、ガソリンを持続的に使用することを前提としていることが考えられる。また、燃料電池車の開発を推奨したのは、実用化までに乗り越えねばならないハードルが高く、普及までに時間を要すること から、時間稼ぎにちょうど良かったのかもしれない。

だからといってそれが事実だとしても、我々は彼らを簡単に責めることはできない。もし自分が企業経営者で、時代の流れから、これまで行ってきたビジネスが消滅することが見えている場合、おそらく誰もがその変化に対応していくべく、準備をするはずだ。突然方向転換をしてしまえば、自分の会社だけでなく、同業他社も含めて、多くの人々が職を失い、取引のある業界にも大打撃を与えることになる。

しかも、それが石油業界であれば、問題は極めて深刻である。我々の社会全体が化石燃料に依存している現在、急激な方向転換を強引に進めれば、世界的に大混乱が予想される。地域によっては、難民も大量に発生するかもしれない。

一方で、環境問題はすでに深刻な状況に達している。二酸化炭素の排出と地球温暖化の関係は証明されていないが、琥珀中の気泡分析によれば、現代の大気中の酸素濃度は低下しつつあり、土壌からのメタンや二酸化炭素の放出量も今後急増すると懸念されることから、クリーンな大気の確保に一刻も早く手を打たねばならない。まずは一人でも多くの人々が、これからやってくるかもしれない大きな変化に対して、過度に恐れることなく、受け入れ、覚悟する必要があるだろう。そして、研究機関によるシミュレーションを即座に行い、タイムテーブルの作成と公表が求められる。

例えば、もしすべての自動車が電気化された場合、火力発電や原子力発電等の増強も急務となる。夜間の時間帯に充電するなどして、電気の使用を分散させる努力を皆で講じていかねばならない。また、発電自体で二酸化炭素を排出するため、化石燃料に頼らない発電法にシフトさせていく必要もある（ニコラ・テスラは化石燃料に依存しない発電法と無線による電力供給法も開発したとされるが、その知識・技術が十分に継承されてこなかった点もあり、現在、その「再発見」のための研究が続けられている）。

また、ダニエル・ディンゲル氏の水素自動車を検証する必要があるだろう。彼が40年も前に完成させたリアルタイム水素発生器は、普通の自動車用バッテリーからの微弱な電流で動作し、余分にバッテリーを増設する必要がない。つまり、起動時のバッテリー電源と燃料の水さえ存在すれば、いくらでもエンジンを回せる。

エンジンが稼動するということは、少なくとも回転運動が可能であり、自動車を動かさなくとも、発電にも利用可能ということになる。実は、その方が圧倒的に重要である。

なぜなら、エンジンは半永久的な自家発電機となるからだ。そうなると、エネルギー問題は解消し、簡単に電力が得られるため、結局は電気自動車でも水素自動車でも構わないともいえる。必要なのは、自動車用エンジンではなく、効率の良い発電機としてエンジンを改良することである。そ

オートイーブィジャパン株式会社の電気自動車「ジラソーレ」 車輌価格248万円、補助金77万円

テスラ・モーターズ社の電気自動車テスラ・ロードスター。ガソリン・エンジン車を含めた市販車で世界トップクラスの動力性能を実現したスーパーカーで、納車まで1年以上を要する人気となっている。

して、役所での手続き上の問題である。

というのも、現状では、このようなフリーエネルギーに関する特許がおりることはなく、発明家もライセンスを提供できないからだ。自己の発明を無償で公表しない限りは、世界的に普及することはない。そのため、特許庁による審査・審理も国際的に見直される必要があるだろう。

ブッシュ政権も残りあと1年となった。石油業界と密接な関わりを持つブッシュ大統領、チェイニー副大統領他、側近たちは今期で退陣する。民主党は環境問題に積極的に取り組む方針を打ち出し、政権を取りに来るだろう。

前副大統領のアル・ゴア氏が環境問題の深刻さを訴えた映画『不都合な真実』は、公開直後から大きな話題を呼んだ。そして、アメリカ人も確実に環境問題に関心を示すようになってきた。アメリカが変われば、世界が変わる。そうなれば、これまで陰に隠されてきた情報が次々と公開されて、今後数年程度で世界は大きく前進していくだろう。変化は意外と間近に迫ってきているのかもしれない。

Part Ⅳ

不都合なコミュニケーション・メカニズムを解明する

第七章

西洋医学の常識を覆す
バイオ・アコースティックスとは
——治療法が確立されていない病気、怪我への有効性を探る

声に隠された驚くべき秘密

チベットにおいては、鐘の音ばかりでなく、詠唱《えいしょう》による発声（音）が人の健康にポジティブな効果を与えると考えられてきた。聖書では、「言葉」は神や創造主と同等であるとみなされている。また、日本でも言霊《ことだま》という表現があるように、昔から言葉には不思議な力が宿ると考えられてきた。

DNAが人間の一生に関する全情報を事前に記録したプログラムであるとすれば、人の声にはその人物の現在の状態に関するあらゆる情報が含まれているようなのだ。本章では、声からそのような情報を取りだし、病気の診断と治療に革新的な可能性を与えつつある「バイオ・アコースティックス」に関して紹介する。

言葉の発声には、他にも驚くべき事実が隠されている。人の声を録音して逆再生してみると、本人の意思にかかわらず、その人物の無意識の心（本音）が、本人の声でいつの間にか刻み込まれているという。次章では、そんな不思議な現象「リバース・スピーチ」の謎についても紹介する。

健康状態を割り出し、低周波を聞かせる

バイオ・アコースティックスを簡単に説明すると、人の声を録音し、特殊なソフトウェアを使ってコンピューター分析することで、その人の健康状態を割りだし、低周波音を患者に聞かせることで治療（施術）を行う技術である。

健康な人の声を周波数と音圧に注目して分析すれば、ほぼ水平で滑らかな波形がグラフに表れるが、病気や怪我をしている人の場合には、乱れた波形が表れる。そして、その乱れた箇所を調べることで、その人がどのような病気や怪我をしているのか具体的に割りだすことができるという。病気の診断に、相手の顔色を見たり、症状を聞いたりする必要もなければ、レントゲン写真、血液検査、尿検査なども必要ない。

診断だけではない。波形の乱れを滑らかに戻す低周波音を使って治療（施術）も行えるのである。例えば、症状を軽くする低周波音がコンピューター分析で見つけだされた場合、その低周波音をヘッドフォンで聞きながら、再度、声の録音を行う。その波形が以前のものより滑らかになっていれば、快方に向かっていることになる。つまり、その低周波音を聞き続けることで、症状が改善することを患者は視覚で確認できてしまうというのだ。

これまでにバイオ・アコースティックスによる施術の有効性が報告されているのは、関節炎、気腫、高血圧、知的障害、多発性硬化症、筋萎縮性側索硬化症、骨形成過多症（骨肥大症）、環境アレルギー、ダウン症など。特に、スポーツや交通事故などによる怪我の回復にはめざましい効果をあげている。

バイオ・アコースティックスの原理に詳しい腫瘍学者テレンス・バグノ博士とチャールストン代替医療センターのジョナサン・マーフィー博士は、深刻な痛風に苦しむ患者にある特定の低周波音を聞かせることで、ものの数分で痛みと炎症が和《やわ》らぐ事実を確認している。

他方で、一般内科の扱う各種病気にも効果があがっており、ほぼすべての病気と怪我にバイオ・アコースティックスは有効と考えられている。

もしこれが事実ならば、バイオ・アコースティックスとはなんとも驚くべき最新技術ということになる。

発見・開発までの経緯

バイオ・アコースティックスは、今から30年ほど前にアメリカのシャリー・エドワーズ氏によって開発され、現在ではオハイオ州ホッキング大学で学ぶことができる。音を利用した療法はいくつも存在するが、大学で単位が認定されているのはバイオ・アコースティックスだけであり、正当医学として認知されるのも時間の問題と考えられている。

ちなみに、筆者が２００１年に取材した時点で、３０００人以上の人々がバイオ・アコースティックスを学び、世界７ヵ国で約１２００人が診断・施術を行っていた。

そもそもエドワーズ氏がこの療法を発見したのは、彼女自身が特殊な聴力の持ち主であることが大きい。ある日、彼女が記事をタイプしていたとき、奇妙な音を耳にした。聴覚検査を受けてみたところ、彼女には普通の人には聞くことのできない範囲の音まで認識できることがわかったのだ。

エドワーズ氏によると、話をしている人の側にいると、普通の人が聞く音（声）以外の音も聞こえてきて、その音を自分で発することができるそうだ。ライト・パターソン空軍基地を含め、彼女の能力は様々な機関で調査され、普通の人には聞くことのできない音が人の側頭部から発せられていることがわかった。人の耳

シャリー・エドワーズ氏

が音を発するとは考えがたいことだが、ジョンズ・ホプキンス大学のウェンデル・ブラウン氏が、人の耳には音を発する能力があることを発表したことで、エドワーズ氏の主張が正しかったことが証明された。

また、エンバイアメンタル・アコースティックスのジェームズ・コーワン氏は、人の耳はへ音（F）からイ音（A）まで発することができると主張している。ただし、エドワーズ氏には、数オクターブに及ぶ全音域が聞こえるとのことなので、今後、人の耳が発する音はコーワン氏が言うよりもっと広範囲に及ぶことが証明される可能性がある。

さらに驚くべきことは、エドワーズ氏は純粋な正弦波を発する能力すら持っていることである。また、本来、発しているはずの音が出ていない人に対して、その音を出して聞かせると、その人の健康状態が改善するということを発見したのだ。

長年の研究・実験の末、エドワーズ氏が聞き発することのできる音と同一の音を機械で再生できるようになり、怪我や病気で苦しむ人々に次々と奇跡的な変化をもたらすことになった。エドワーズ氏は「これは医療技術ではないが、医学的な可能性を持ち、人の健康に影響を与える」という。

健康を改善させる波動のメカニズム

エドワーズ氏の説明によると、バイオ・アコースティックスは、音楽療法とバイオ・フィードバックとの中間にあたる。

音楽療法のような音楽的な音の構成はないが、特定の音のコンビネーションが使われる。また、特定の生物学的・感情的反応を引きだすために低周波音を利用するバイオ・フィードバックとも、若干の類似性がある。バイオ・アコースティックスでは、ボイス・スペクトル分析を利用して、体内で行き交う定常的で複雑な周波数を特定、解釈しようとする。

バイオ・アコースティックスを理解する鍵となるのは、「波動」である。人間の脳が認識・生成する波動（脳波）は、神経経路を通じて体内に伝わっていく。伝達される波動は、人体の構造的な完全性と感情・精神の安定性を維持するための指令ということになる。

この療法は、人体を維持するために送られる信号（波動）を声を媒体に分析し、異常のある場合には波動を安定させるように修正するという仮説に基づいているのだ。

熱、色、音は明らかに波動の産物であり、万物は波動により特徴づけられているといっても過言ではない。なぜなら、万物は原子によって構成されており、原子はたえず振動する電子を抱え込んでいるからだ。原子レベルの波動、脳波レベルの波動、体温などの熱による波動など、人間の体は様々な波動が入り混じっている。だから、健康な人間からは秩序だった波動が発せられているという仮説を立てること自体、そう突飛な発想ではないだろう。

そのように考えてみれば、人間の声ほど簡単に波動を検出できる媒体はないかもしれない。しかも、信号の検出量がわずかなものは誤差が大きく、分析に困難を伴うが、声は通常の録音機材で簡単に適切なレベルで録音できる媒体である。

人の脳波の周波数帯域は0～60Hz程度といわれる。ちなみに4～8Hzはθ波、8～13Hzはα波、13～30Hzはβ波と呼ばれている。通常の生活で耳にする音の周波数はそれよりもはるかに高いもので、それほど人体に影響を与えるものではないと考えられている。実際、平均的なオーディオ機器が録音・再生可能な周波数域はCD、MDで20Hz以上、カセットテープで50Hz以上とされる。そのため、日頃われわれはあまり低周波音を浴びていない。

もし脳波と同程度、あるいはそれ以下の周波数の音を偏《かたよ》って浴びた場合、脳波に干渉して人体に何らかの影響を与える可能性があるといえるかもしれない。であれば、逆にそれをうまく利用すれば、健康改善の強力な武器となるだろう。

バイオ・アコースティックスでは、声の分析により波動のバランスを診断し、それを整えるために脳波と同調させ易い14～60Hz（ピーク16～32Hz）の低周波音を利用する。

色相の変化を系統的に表している色相環では、中心を挟んで反対側にある二つの色は補色関係にあり、混ぜ合わせれば互いの色を打ち消し、無彩色となるように配列されている。実は、音と色の間には相関関係があり、1オクターブの音の環を作ると、対立線上の2音の波動は、合成すれば互いを打ち消し合って中和される。このような原理に基づいて、使用する低周波音が決められる。例えば、ある波動が強く出ている場合、それを中和させるような低周波音を反対側にあたる領域から見つけだし、患者に聞かせる。逆に、弱まっている場合は、その波動を患者に聞かせて、波動のアンバランス（偏り）を調整するのだ。

ボイス・スペクトルを分析する

人体の波動が無秩序になって痛みやストレスが現れると、ボイス・スペクトルにも異常が表れる。

ボイス・スペクトル・グラフにおいて、縦軸が音圧（dB）、横軸が周波数（Hz）である。グラフが高く振れているポイントは、音量が大きく盛り上がる音（声）の周波数、低く落ち込んだポイントは、明確でない音の周波数で、どこにもトラブルがない健康な人は音が小さく統合されたパターンの集積となっている。つまり、上下の振れが少ないほど、発する声に痛みやストレスなどの不安定要因が少ないということだ。

次ページ上のグラフは骨形成過多症に苦しむメリッサという女性のボイス・スペクトルを表している。彼女は、頭蓋骨の中で過度のカルシウムが形成されていることが原因で、激しい頭痛に悩まされていた。痛みの程度を10段階のスケールで問われた彼女の答えは13。我慢の限界を超える痛みと言ってよかった。

グラフのピークとなるポイントは、過度の刺激が及んだ音（声）の周波数を指している。それを

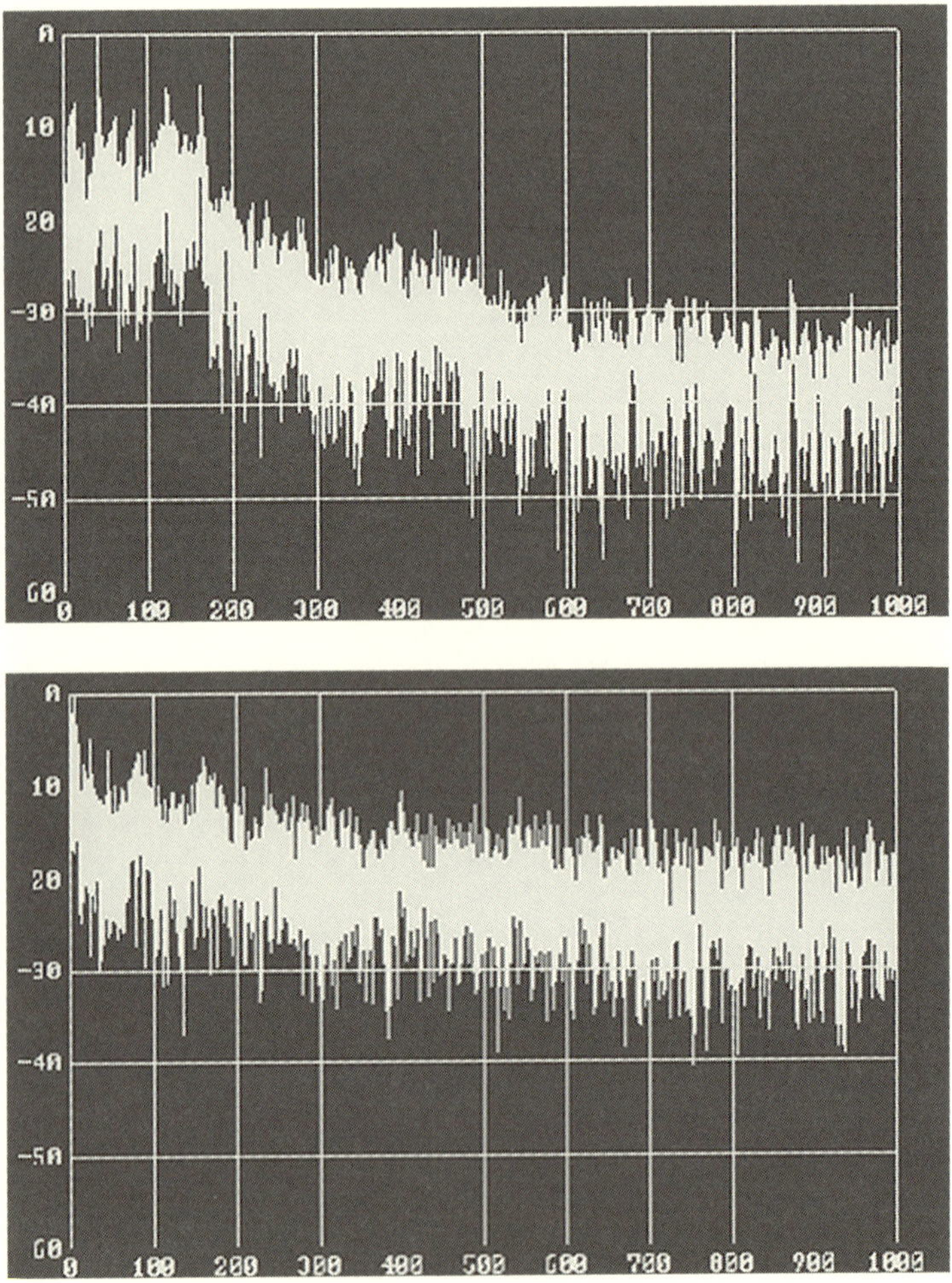

上：骨形成過多症に苦しむメリッサのボイス・スペクトル・グラフ
下：低周波音を４分間聞いた後のボイス・スペクトル・グラフ

分析することで選択した低周波音を、4分間メリッサに聞かせたところ、痛みのスケールは3に減少し、グラフも前ページ下のように滑らかに変化した。

低周波音を繰り返し聞くことにより、体全体が反応するようになる。メリッサの場合、頭痛が消えたばかりか、他の症状もなくなった。新陳代謝や消化の異常もすべて通常の状態に戻った。

波動治療へのアプローチ

今から15年以上前、筆者は音という波動を利用して、ガンやエイズばかりか、原因不明の不治の病を治す機械が存在するという噂《うわさ》を聞いたことがある。実際、アメリカではそのような本も出版されており、筆者も、もしもの時に参考にすべく、その機械の設計図を友人を通じて入手したものだ。しかし、幸いなことに深刻な病気になることもなく、その機械の効果と信憑性《しんぴょうせい》を検証することもなく、その存在すら忘れていた（今ではどうなっているのか不明）。

ところが、2000年秋、書店で立ち読みしていた雑誌のある記事に釘づけになった。オハイオ州のホッキング大学では特定の低周波音を患者に聞かせることで、これまでの医学では治療できなかった様々な病気や怪我の回復に、劇的な効果をあげているというのだ。それがバイオ・アコースティックスだった。

もちろん、音を利用した療法はそれだけではない。だが、他のものはメカニズムが曖昧で、大学などの高等機関で研究される機会もあまりなく、筆者自身ほとんど関心がなかった。しかし、バイオ・アコースティックスにはこれまでの療法にない具体性があった。そして、筆者が関心を寄せた最大の理由は、当時、原因不明の体調不良に悩まされており、類似した病気の施術例が紹介されていたからだった。

2000年夏、筆者は風邪を引き、喉の痛み、熱、鼻水、咳という典型的な症状が現れた。そして、咳が止まらず、気管支炎に発展したのだが、過去にも何度か気管支炎を患っていたので、それほど心配しなかった。抗生物質を服用して気長に待てば、1、2ヵ月で治るものと思っていたのだ。ところが、2か月経っても微熱、胸の痛み、痰が止まらなかった。胸部レントゲン写真、尿検査、血液検査でも異常は見られなかった。代表的な抗生物質は試してみたが、あまり効果があがらなかった。ただ、症状はそれほど深刻なものではなく、なんとか日常生活を送ることができたこともあり、気がつくと、大きな改善もないままに3ヵ月以上が経っていた。

バイオ・アコースティックスを紹介した記事を読んだのは、ちょうどそのころだった。取材も兼ねて、さっそく、筆者はバイオ・アコースティックスを一般に提供するサウンド・ヘルス社に連絡を取った(研究は非営利組織のサウンド・ヘルス・リサーチ・インスティテュートが、教育はサウンド・ヘルス・オルタナティブ社が行う)。以下は、筆者の体験レポートである。

バイオ・アコースティックスを実際に体験する

バイオ・アコースティックスによる診断・施術は、ライセンスを取得したプラクティショナーたちが全米各地で行う。当時の筆者の自宅から最も近いところにオフィスを構えていたのは、バージニア州のパム・フレッチャー氏であり、筆者は彼女に診てもらうことになった。

まず、被験者は40秒間マイクに向かって何かを話すよう求められる。筆者の場合、最初に英語で話した声を録音し、次に日本語で録音した。

フレッチャー氏にとって、英語を母国語としない被験者を診るのは初めてであり、まずは違いを確認すべく両方で試してみることにした。録音してすぐに見せられた特殊なソフトウェアで処理されたグラフに、英語で話した時と日本語で話した時との違いはほとんどなかった。

残念ながら、筆者のグラフは決して良い健康状態とはいえないものだった。健康な人のグラフは、先のメリッサの2番目のグラフのように、水平方向は滑らかで、上下の振れが小さいものなのだ。

2時間程度費やして分析を終えたフレッチャー氏が筆者に見せたレポートは、15ページにも及んでおり、正直、どうしてこれだけのデータが出るのか驚かずにはいられなかった。

例えば、過去3ヵ月で服用した抗生物質の影響で善玉菌までもほとんどなくなっていたことが、

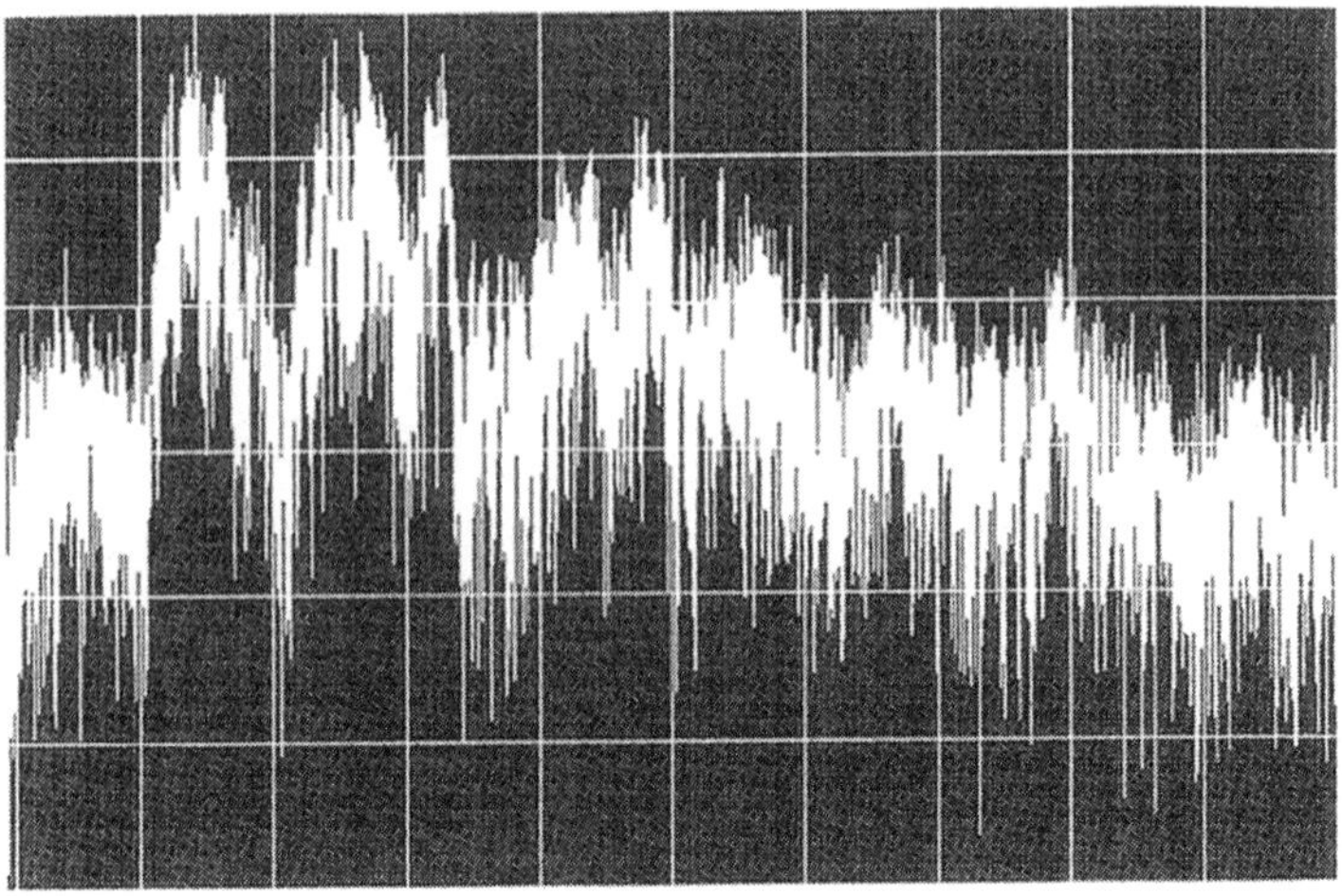

低周波音を聞く前の筆者のボイス・スペクトル・グラフ

そのデータからわかった。消化時の酸素処理に異常があり、酵素の生成不足も露呈した。さらに、体内で不足している栄養素までが、数字でぎっしりと表されていた。

また、グラフの特定箇所の波形を調べることで、バクテリアや寄生虫、カビなどによる感染があるかどうか判明するのだが、筆者の場合、肺に感染が見られ、バクテリアとカビによる同時感染が疑われる異型肺炎と似た周波数が検出された。

次に行ったのは、こうした症状を癒すための低周波音を見つけだすことである。これは多少根気のいるもので、データをもとに有効と思われるいくつかの音を30秒ぐらいずつ聞いては、自分にとって最も心地よく聞こえる音を選んでいく作業である。その間、フレッチャー氏は、筆者の血圧、体温、酸素飽和度、心拍数の変化を追って、筆者の体がそれぞれの音にどう反応しているかを確認していく。

最初はとまどったが、基本的には、ノイズが少なく穏《おだ》やかに感じられる音が自分に合っていると判断できることが次第にわかってきた。30分ほどを要して、何とか自分に合う音を選ぶことができた。

ちなみに、選ばれた音は誰が聞いても同じ音に聞こえるわけではない。病気の筆者にとっては心地よい音であっても、健康な人には同じ音がノイズとして聞こえる。そのため、その音を聞き続けて症状が改善すれば、それが聞き苦しいノイズと感じられるようになる。

自分に合った音が見つかると、フレッチャー氏は再度英語と日本語で声を録音したいと言ってきた。筆者は質問せざるをえなかった。自分に合う音を見つけたところなのに、どうしてまた録音する必要があるのか、と。

驚いたことに、たとえ30秒ほどその音を聞いただけでも、すぐにも効果が出て、グラフに変化が表れるからだというのだ。筆者は半信半疑で再び英語と日本語で声を録音してもらった。

確かに、グラフには興味深い変化が表れていた。英語で録音したグラフでは、波形は大きく改善されていた。しかし、日本語で話したグラフには、それほど改善はみられなかった。

このことから、複数の言語を使う被験者に対しては母国語を利用すべきことをフレッチャー氏は悟った。つまり、悪い方のグラフが改善されることが重要だと考えたのだ。

そして、フレッチャー氏は別の検査法を試してみることにした。私が選んだ音をヘッドフォンで聞きながらしゃべる日本語の声を録音したのだ。グラフが示した結果は驚くべきものであった。完全とはいえないが、下図のようにグラフは改善されていたのである。

その後の快復について

筆者は薬ともいえる低周波音が録音された機械とヘッドフォンをレンタルして、定期的に聞くことになった。与えられた低周波音は3種類あった。一つめは体のバランスを整える音であり、これは免疫システムを高める音である。二つめは、アジスロマイシンという抗生物質と同じ効果がある周波数の音である。そして、三つめは、感染が疑われたカビの持つ周波数と逆波形の低周波音であった。

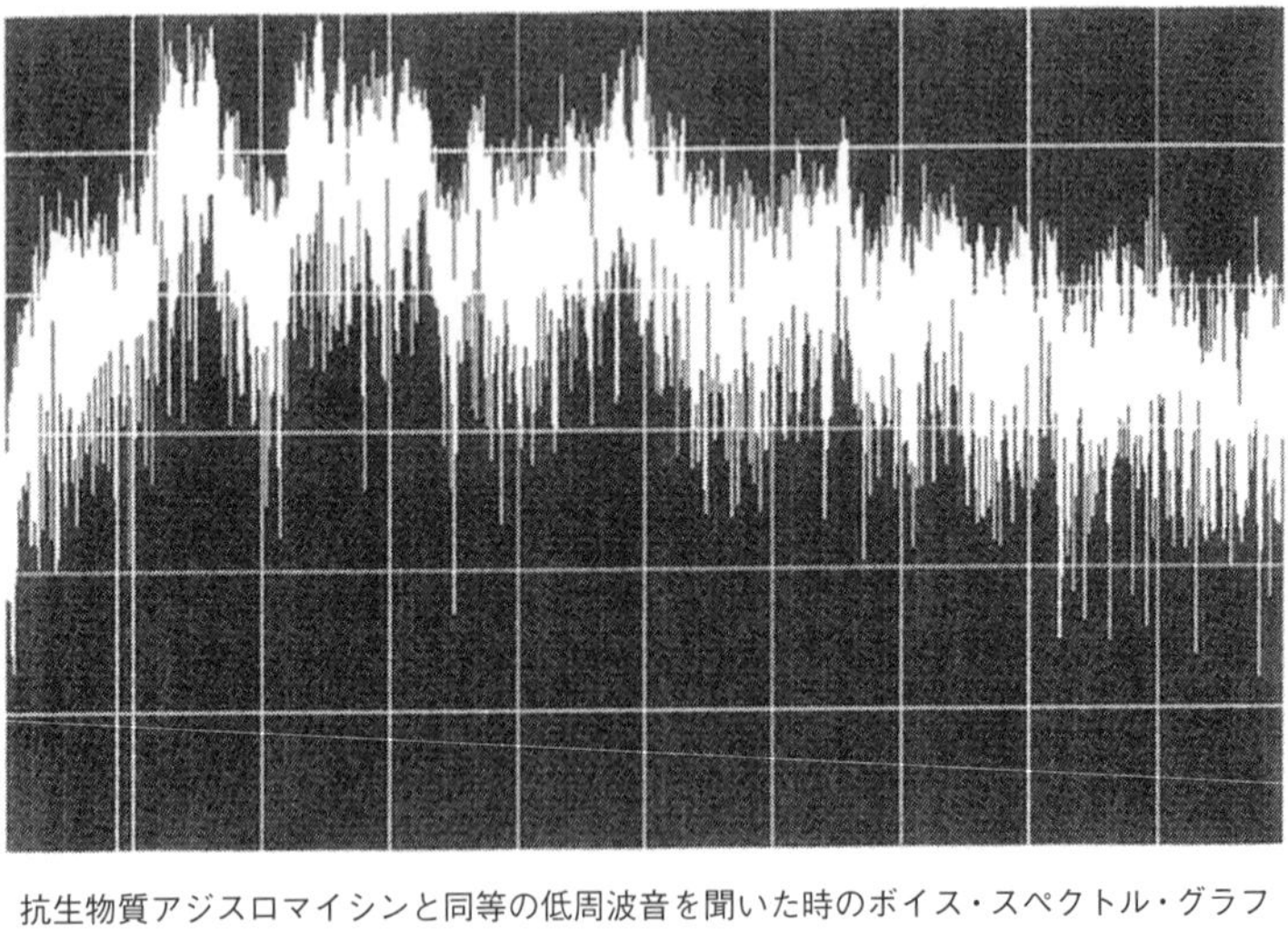

抗生物質アジスロマイシンと同等の低周波音を聞いた時のボイス・スペクトル・グラフ

信じがたいことに、薬を服用することと、その薬と同じ波動の低周波音を聞くことは同じことであり、必要以上に聞けば、その薬を過剰に服用したのと同じ副作用が現れるという。だから、最初の免疫を高める音以外は、3分程度の音を1日に3回まで、計30分以上は聞かないようにと、強く忠告された。

低周波音を聞きはじめて2週間程度で症状は軽くなり、だいぶ楽になった。ただ、その後は停滞気味で、完全に回復したとはいえない状態がしばらく続いた。音はまだ心地よく感じられたので根気よく聞き続け、数ヵ月を要したものの最終的には筆者の病気は癒された。

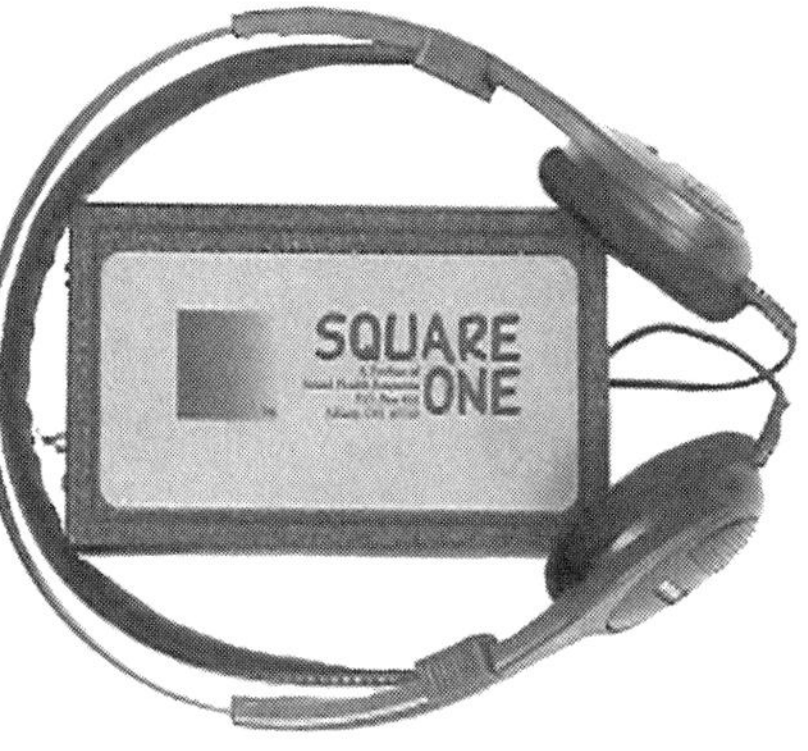

低周波発生器とヘッドフォン

骨形成過多症のメリッサのケースとは異なり、筆者の症状は複数の要因からきていたので、一つの低周波音で完全に回復させることはできないと判断され、グラフが改善する低周波音を複数聞くことで施術が行われた。グラフがメリッサのように大幅に改善していないのは、それゆえである。

ただ、筆者のケースのように長期化してしまった病気の場合、回復したのがバイオ・アコースティックスのおかげなのかどうかは判別しがたい。自身の治癒力で回復したといえなくもないからだ。

しかし、体調が改善するにつれて、それまで心地よく聞こえていた低周波音がノイズに変化していったことは確かである。

様々な角度から検証する

バイオ・アコースティックスを実際に体験して、どのようにこの現象を解釈すべきか考えてみた。おそらく、エドワーズ氏が言うように、コンピューターが患者固有の波動を声という媒体を通じて検出・分析していることは間違いないだろう。

体の器官のどこかに異常があれば、本来あるべき波動を乱す波形が表れる。それが、特定周波数における声の乱れ（デシベル値）として現れる。その乱れが、データベースからある特定の病気であるとすぐに判別できる場合は、その病気に対して治癒効果の高い低周波音が患者に与えられる。多くの場合は、医師たちが患者に与えている薬と同等の波動を持つ低周波音である。

しかし、データベースから、病名や感染源の特定が難しいケースでも、症状を改善させる低周波音を見つけだすことは可能だ。既に述べたように、問題を起こしている周波数と同じ音を低オクターブ音（低周波）で補完的に与えたり、補色関係と対比されるような対立周波数の低オクターブ音を与えることができる。症状を改善しない低周波音の場合は、聞いた際に不快感があるので、それが有効かどうかはすぐに判断できる。

実際に、筆者に与えられた三つ目の低周波音は、あるカビが持つ周波数と対立するもので、心地よく感じられたので聞き続けることにしたが、その音と同等の効果がある薬は医学の世界では存在していない。そのようなところから、バイオ・アコースティックスは、治療法の確立されていない病気の施術に効果をあげているのだ。

ただ、バイオ・アコースティックスの研究は発展途上であり、まだ詳細には解明されていない。人が怪我や病気になると、ある特定の周波数における声の音量（デシベル値）が乱れるのはなぜなのか？　人の発声のメカニズムは、顎周辺の頭蓋骨の形状や喉の調子など、物理的な状況で決まるものではないのか？　こうした療法の信頼性にかかわる疑問を解消するためのさらなる研究が必要となるだろう。

また、抗生物質がある病原菌を殺すためには、有効治療濃度以上の抗生物質を数時間ごとにある期間継続的に服用する必要がある。しかし、その抗生物質と同様の効果をもたらす低周波音が、有効治療濃度と同等かそれを上回る効力がないと、病原菌を殺せないばかりか、耐性菌を発生させる可能性があるかもしれない。具体的には、ある抗生物質の音を何分間聞くことが、何グラムの抗生物質を物理的に服用することと同等な効果を与えるのか、正確には解明されていないのである。

個人的に体験した印象では、物理的に薬を服用することと比べて、効果は弱い（有効治療濃度に達していない？）ように感じられた。誤って利用すると危険ではあるが、もう少し低い周波数の音（16Ｈｚ以下）を利用すれば、ひょっとすると効果がもっと早く表れることもあるのかもしれない。

バイオ・アコースティックスは、アメリカを中心に普及しつつあるが、これまでのところ保険でカバーされないケースが多い。また、手術後の回復を早めたり、慢性的な病気の改善には効果があるだろうが、早急な外科的な処置を求められる病気や怪我に対しては、バイオ・アコースティックスは適さないだろう。ただ、治療法の確立されていない怪我や病気の治癒に効果をあげており、副作用を最小限に食い止められる利点があるといえそうで、これまでの西洋医学の常識を覆す技術であることは間違いないだろう。

第八章

言葉に秘められた魔力
「リバース・スピーチ」の謎を追う
——心理分析から人類の意識改革まで進化するか

ロック音楽の逆再生によるメッセージ

1960年代後半、ビートルズの一員だったジョン・レノンは、逆回転で再生すると、意図的に録音されたメッセージが聞こえるレコードの制作を始めた。以後、ロック・ミュージシャンたちは、レコードに反転メッセージを含める実験を行うようになった。その結果、ロック音楽には悪魔的な反転メッセージが含まれるという噂《うわさ》が、次第に広がっていったのである。

特に、レッド・ツェッペリンの「Stairway to Heaven（天国への階段）」は、オカルト的、悪魔的な歌詞が含まれるとして、糾弾《きゅうだん》のターゲットになった。

例えば、1982年4月、カリフォルニア州議会は公聴会においてそのテープを、議員たちの前で逆再生させてみせた。すると、何人かの議員たちは「俺は悪魔に仕える」という言葉が聞こえると主張したのである。

そして、レッド・ツェッペリンのメンバーたちは、罪のない数百万人のティーンエイジャーたちを、無意識のうちに反キリストの弟子に仕立てあげる悪魔の代理人だと非難されることとなった。

確かに「天国への階段（Stairway to Heaven）」は、イギリスの魔術師アレイスター・クロウリーの信奉者であったリード・ギタリストのジミー・ペイジが作曲、ヴォーカルのロバート・プラントが即席で作詞したものである。だが、通常再生においては、人生の意味と天国への道のりを探し求める女性について歌われているだけで、おかしな点はない。もちろん、レッド・ツェッペリンのメンバーたちも、レコーディングの際に反転メッセージを意図的に加えてはいないと弁明した。

しかし、ロック音楽にはオカルト的な反転メッセージが含まれ、サブリミナル効果でティーンエイジャーたちを呪っているという噂は消えなかった。

この噂に刺激を受けたのか、同じ年にノースカロライナ州ハンターズビルでは、30人のティーンエイジャーたちが、悪魔が意図的に反転メッセージをロック音楽の中に加え、アメリカの若者を呪《のろ》い殺そうとしていると主張して、レコード店を焼き討ちする事件まで起きたのである。

こうしたニュースや噂は、オーストラリアのデイヴィッド・ジョン・オーツ氏の耳にも入ってきた。

オーツ氏にとって、ロック音楽の逆再生で現れるというオカルト的メッセージが、ティーンエイジャーたちを怖がらせている事実が腹立たしかった。意図的に加えられたものなら、それは茶番として無視すればいいのだ。

だが、先のレッド・ツェッペリンのメンバーたちが言うことが真実で、しかも反転メッセージが聞こえるとしたら……⁉

分析研究から何がわかったのか

この疑問はオーツ氏の研究心をあおり、1984年になって、彼はレコードに含まれる反転メッセージを検証すべく、レコードの逆再生分析を始めたのである。

その前年にオーツ氏はウォークマンを誤って便器に落として壊してしまい、逆再生しかできないジャンクをなぜか引き出しの中に保管していた。そのジャンクが反転メッセージの検証に有効利用されることになった。

当初、オーツ氏は雑音以外に聞きとれるはずはないと軽く考えていた。ところが、すぐにそれは間違っていることに気づかされた。いくつもの曲を聞いていくうちに、知的に構成された言葉が次々と聞こえてきたのだ。

オーツ氏はアルバムに収録された2000以上の楽曲を徹底的に分析し、実に多くの反転メッセージが含まれていることを発見した。それも、約半数の曲に反転メッセージと思われる言葉が現れる事実を知ったのだ。

レッド・ツェッペリンの「天国への階段」に含まれた逆再生メッセージもそうだが、オーツ氏は独自の分析でそれらが意図的なものではないことを明らかにしている。というのも、意図的に逆再

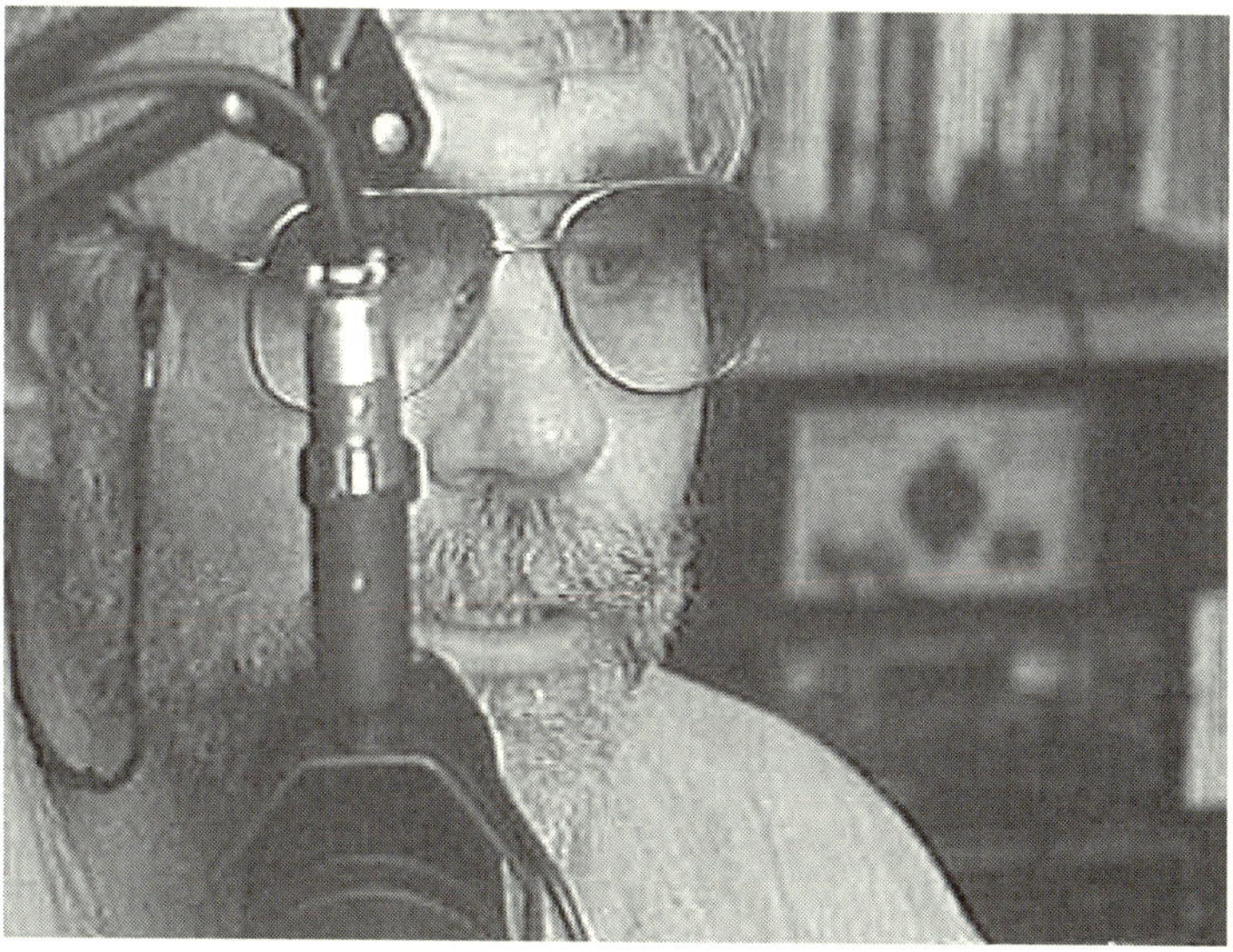

デイヴィッド・ジョン・オーツ氏

生メッセージを加えると、メッセージが加えられた箇所を通常再生した際にどうしても違和感が生じてしまい、違いは容易に判別できるからである。もちろん、「天国への階段」には、そうした形跡はいっさい発見されなかった。

ところが、この歌の冒頭から現れる反転メッセージは、実に驚くべきものであった。「逆再生するんだ。歌われる歌詞に耳を傾けろ」というメッセージに続いて「われわれを苦しめる悪魔がいる小さな道具小屋がある」。歌の最後の方の「ふたつの道が用意されていて、道を変更するのは今からでも遅くはない」という箇所の逆再生では、何と「私を落胆させる小道と、偽の権力を持つ、私の愛しい悪魔」という表現が現れるのだ。また、「それからは逃れられない。俺は歌う。悪魔とともにいるから。人々は悪魔のために生きなければならない」と聞きとれる箇所もあった。

実は、この不思議な現象は、レコードに限られたものではなかった。オーツ氏は、人の会話やスピーチにも、反転メッセージが現れるという驚愕の事実を発見したのだ。オーツ氏はこれを「リバース・スピーチ」と名づけ、さらに研究を続けたのである。

第三者による追検証で確認されたこと

人の会話やスピーチを録音し、それを逆再生すると、本人にはまったく心当たりのない言葉が明瞭に聞こえてくる。それが「リバース・スピーチ」という謎の現象だとオーツ氏はいう。

はたして、それが思いすごしということはないのか？　空に浮かんだ風船を、誰かが「ＵＦＯだ！」と断言すれば、まわりの人もなんとなくＵＦＯに見えてしまうものだ。それと同じように、たまたま聞こえたあやふやな音声も「こう聞こえる」と思い込んでしまえば、それ以外は考えられなくなってしまうのではないか？

そこでオーツ氏は、この事象を第三者によって追検証すべく、次のような実験を行った。

まず、オーツ氏が反転メッセージが含まれていると判定したスピーチを集めて、三つのグループに逆再生で聞いてもらった。もちろん、被験者が聞くものが逆再生されたものであることは告げられていない。

第1のグループには、逆再生時にオーツ氏が聞きとれたメッセージを紙に書いたリストとして与え、実際にそのように聞こえるか報告してもらった。第2のグループには、実際には存在しない逆再生メッセージのリストを与え、それが聞こえるかどうか報告してもらった。そして、第3のグループにはリストを与えず、ただ聞こえるものを報告してもらった。

結果は興味深いものであった。

第1のグループでは、事前に聞こえる内容を与えていたこともあるが、高い確率でリストどおりに聞こえることがわかった。

次に、第2のグループでは、与えられたリストのメッセージを誰も見つけることができなかった。

この結果は、逆再生時に聞こえるメッセージが、決して曖昧な言葉ではないことを示している。つまり、反転メッセージは、聞きようによってはどんな言葉にも受けとれるようなあやふやなものではないということである。

そして、第3のグループでは、被験者のほとんどが、少なくともメッセージを構成する複数の単語を認識した。

こうして、英語を常用語とする誰もが認識可能な単語やフレーズが存在していることが、客観的に確認されたのである。

リバース・スピーチの実例データ

オーツ氏が発見したと主張するリバース・スピーチとは、具体的にどのようなものなのか、まずはここでいくつかの例を紹介しておこう。

以下は、彼の研究で明らかになった反転メッセージが現れた例で、【　　】内は、逆再生時に聞こえたメッセージである。

★ニール・アームストロングが月面に歩み出て：「これは人にとっては小さな一歩だが、人類にと

っては大きな飛躍である」【人類は宇宙遊泳する】

★ケネディー大統領暗殺を報じるライブのコメント：「スタンバイしてください。パークランド病院。銃撃がありました。銃による深刻な傷の治療に備えるよう、パークランド病院はスタンバイするように指示されています」【彼はひどく撃たれた。待つんだ。これから見てみることにする】

★ケネディー大統領暗殺前にインタビューを受けたリー・ハーヴェイ・オズワルド：「しばらくソ連で生活していた経験から言えるのだが、キューバが共産党員にコントロールされているという非難を、私は自信を持って否定できる」【オズワルドは怒っている。彼らに耳を傾けるんだ。大統領を殺害したがっている】

★CNNテレビのラリー・キング・ライブで、ホワイト・ハウスでの生活について質問されたヒラリー・クリントンのリバース・スピーチ：【神に感謝。これが人生よ。何てストーリーなの！】

★マーチン・ルーサー・キング牧師による有名な「私には夢がある」演説のリバース・スピーチ：【そして、私は主に招かれた者である。われわれの名前を呼びなさい。われわれの名前を呼びなさい】

★マーチン・ルーサー・キング牧師の誕生記念日に、彼の生前の活動について言及したアメリカのアル・ゴア前副大統領のリバース・スピーチ：【あなたは潰された。しかし、偉大であった】

★オーストラリアの元首相ボブ・ホークが、1987年の連邦選挙に当選してどのように勝利を祝うか質問されて：「そうですね、数杯の紅茶を飲んで祝いますよ」【かつては極上のマリファナを

吸ったものだ】

オーツ氏は自身の研究をまとめた著書で、こうした実例をいくつも紹介している。そして、興味深いことに、もちろん反転メッセージの声も、ほとんどの場合は明確に本人の声で現れるのである。人がスピーチを行うとき、必ずしもスムーズに話を続けていけるものではない。途中で考えたり、言い換えたり、話題を変えたりする。そのように、文法的に完全ではないスピーチであっても、反転メッセージは現れる。

むしろ、そのようなときこそ、反転メッセージが現れやすいとオーツ氏はいう。なぜなら、そのようなときは、ため息、笑い、躊躇などとして、感情が現れやすいからだ。実際、オーツ氏の分析データからは、次のようなことがわかった。

通常、人がリラックスした状態で会話すると、およそ10秒ごとに反転メッセージが現れる。感情的な会話になると、その間隔がもっと短くなる。

それに対して、講義のような論理的なスピーチにおいては減少し、反転メッセージが現れるのは30秒から1分ごと、中には1、2分間隔になることもある。

こうして、様々な事例を収集したオーツ氏は、反転メッセージは確かに存在し、次のようなことが言えると結論づけたのである。

①人のスピーチは、少なくとも二つのモードに分離している。

②スピーチの二つのモードである「通常再生＝表のモード」と「逆再生＝裏のモード」は、互いに補い、依存しあう関係にある。
③裏のモードは表のモードの前に生成される。

O・J・シンプソンの公判で語られた驚愕の本音

オーツ氏がまとめたこの三つの結論は、リバース・スピーチの本質を端的に表している。だが、表のモードと裏のモードが互いに補い、依存しあっているとはどういうことなのか。

それを説明する前に、まずリバース・スピーチの最大の特徴である、二つのモードの実例を示すほうが話は早いだろう。

以下は、元アメリカン・フットボール選手のO・J・シンプソンが、妻を殺害した容疑で行われた実際の公判における会話の一部である。

イトウ判事：ミスター・シンプソン、陪審員の選考を9月19日から9月26日まで行うために、前もって選んだ日程で続けていくことを了解しますか？　7日間、裁判が延長されることになるのを了解しますか？【シンプソンが彼女らを殺した】

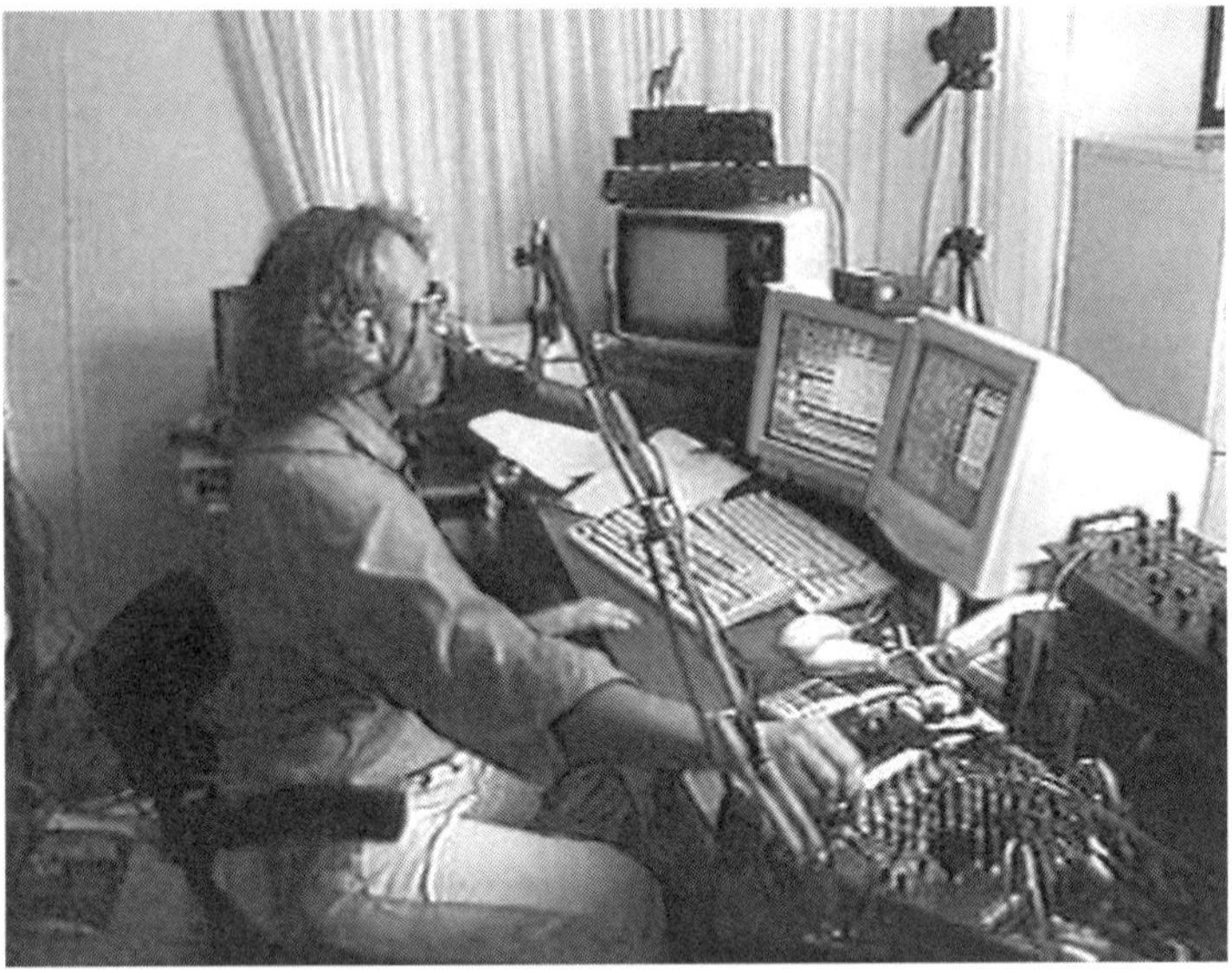

リバース・スピーチの研究・分析を行うオーツ氏

シンプソン：はい【私がやりました】

イトウ判事：よろしい。その日程調整でよろしいですか？【彼はわかっているだろうか？　あなたが愛する婦人を殺した】

この一連の反転メッセージは、実に驚くべきものである。逆再生の裏モードでは、日系人イトウ判事はシンプソンが有罪であることを確信しており、シンプソンもまた「私がやりました」と、罪を認めているのだ。

さらに、無罪判決後にテレビ・インタビューを受けたシンプソンは、次のように答えている。

シンプソン：おい、続けて構わないよ。受け入れがたいが、人々は「おめでとう」と言ってくれる【俺が騙した。馬鹿にしたさ。

俺はこのように人を騙す】

　このように、リバース・スピーチにおいては、通常再生時での発言とは異なり、発言者の本音が無意識に現れる傾向がある。これが表・裏という二つのモードの意味であり、それこそがリバース・スピーチの最大の特徴だとオーツ氏は主張するのである。

　あまりに衝撃的すぎて、にわかには信じられないかもしれない。実際オーツ氏も、研究は発展途上であり、解明できていないことが多いことも認めている。

　たとえば、通常、英語を話す人は反転メッセージも英語となるが、得意でない言語を使ったときの逆再生では、母国語になる場合もある。また、別人の声が現れたり、まったく話せない言語が現れる事例もある。

　未来のことを予言するような反転メッセージもある。前出のシンプソンが殺人事件の前にたまたま受けたインタビューにも、それが含まれていた。

「大半の人々、おそらく95％の人々が拍手してくれた【馬鹿者は俺を褒めたたえてくれる】。人々はいわないが、そのように感じる人々がいることはわかっているよ【妻を殺した】」

　今の段階では、こうした不可解な事例については、まだあまり研究の手が及んでいないのが実情だ。しかし、オーツ氏をはじめとする研究家たちはリバース・スピーチの存在自体については、まぎれもない事実だと断言するのである。

赤ちゃんの心の内も理解可能

リバース・スピーチは、裏のモードが表のモードよりも先に生成される。オーツ氏はそう結論づけている。つまり、人が何かを考え、発する言葉を選んでいる瞬間には、すでに反転メッセージが用意されているというのだ。

具体的には、実際に発声しはじめたときに、反転メッセージは語尾から刻み込まれていくか、すべて一瞬のうちに生成されると推測される。逆再生してメッセージが正常に聞こえるためには、通常の時間の流れでは、単語や文が裏では逆に刻み込まれていく必要があるからだ。

さらに研究を進めたオーツ氏は、そもそも人は言葉を習得するときから、裏のモード、つまり、逆転した発声から習得しようとすることを発見している。

たとえば、通常、赤ちゃんは生後1年ぐらいまでは言葉を話せず、泣き声でしか意思表示はできないと思われている。ところが、現実には、生後4ヵ月ごろから赤ちゃんは逆方向に言葉を話しているという。

オーツ氏は、生後すぐの赤ちゃんの泣き声や意味のない幼児特有の発声の逆再生分析を始め、普通では理解できないそれらの発声が、逆再生するときちんとした言語になっている事実を発見した。

生後4ヵ月ごろからの反転メッセージには、「ママ」「パパ」「お腹が空いた」「トイレ」「助けて」などの単語が、7ヵ月ごろからは簡単な文すら現れていたのだ。

オーツ氏自身、2歳の娘の思いをこの方法で知った。妻と別居してアメリカに引っ越す際、録音した娘の声を逆再生すると、次のようなメッセージが現れた。

「パパと話ができなくなる」

「私は悲しい」

「ママ、助けて」

「パパは愛してくれている」

「パパは行ってしまう」

わずか2歳にして、彼女は両親の結婚生活の破綻《はたん》を、無意識のレベルで理解していたのである。

反転メッセージは右脳で無意識に生成される

20世紀初頭、フランスの言語学者ソシュールは、古代ローマ詩に見られる音《おん》の法則、なかでも特に「パラグラム」に興味を持った。彼がいう「パラグラム」とは、テーマ語がテクスト中に散在しているものである。

Donum amplum victor ad mea templa portato.
(勝利の暁《あかつき》には、私の神殿《しんでん》にたくさんの供物《くもつ》を持ってきなさい)
これはラテン語では次のような音価《おんか》を持つものとして表記される。

Dōnŏm amplŏm victōr ad mea templa pŏrtātō.

A PLŎ Ō A PLA PŎ Ō

APŎLŌ APŎLŌ

アナグラムの例

丸山圭三郎著『言葉と無意識』(講談社現代新書)に取りあげられた例を使わせていただくと、音楽と光明の神アポロを詠ったある詩句に次のような文が含まれる。

このように、「ア」「ポ」「ロ」といった音がいくつも現れる現象が「パラグラム」である。ソシュールはそれが偶然なのか、詩人が意図的に組み込んだのかに頭を悩ませ、途中で研究を断念してしまった。

しかし、のちに精神科医ジークムント・フロイトが「無意識」の概念を提唱して、偶然でも意図的にでもなく、「無意識」に生成された可能性がクローズアップされてくる。

つまり、詩人があるテーマを意識しながら詩を作っていくと、音の配列を考えなくても、テーマ語の音が詩の中に自然と含まれてしまうという不思議な現象である。

日本では昔から、言葉には不思議な力や魂が宿ると考えられており、それを「言霊」と表現している。活字を並べるだけの詩でも、無意識のうちに不思議な現象が現れることをソシュールは発見したわけだが、他方で、言葉を発声する行為にも不思議な力や魂が宿っている可能性があるのだ。そうした可能性の一つがリバース・スピーチであり、オーツ氏もまた、この無意識に注目しているのである。

精神科医カール・グスタフ・ユングの研究によって、人には、意識のレベル、個人的無意識のレベル、そして集合的無意識のレベルがあることが探られてきた。オーツ氏によれば、リバース・スピーチにもその3段階の意識が現れるという。

意識の深い層にまで研究を進めたオーツ氏が発見したのは、反転メッセージは、顕在意識下で行われる（論理的）スピーチを補完するように、無意識のうちに同時に生成されることであった。この場合の無意識とは、もちろん個人的無意識である。

そして、顕在意識下でのスピーチと、逆再生時の無意識のメッセージを合わせることで、発言する人物の真の心の状態が判明する。

例えば、心から平和を望み愛を語る歌を歌えば、逆再生でも同じようなメッセージが聞こえる。それに対して、顕在意識下で嘘をついていれば、反転メッセージではそれが嘘とわかる本音が現れる。

一方、集合的無意識の発現と考えられるある特定の言葉が、反転メッセージに現れることも珍しくない。例えば「つむじ風」「ルシファーとサタン」「エデンの園」「狼」「アーサー王伝説」といった言葉は、その言葉を発している人物が宗教的知識などを持っていなくても、隠喩《メタファー》として頻繁に現れているのだ。こうした言葉はそのような文化の影響下にある人が共通に持つ深層意識である集合的無意識の発現と推測されるのである。

いったい、何がそうさせているのか?

オーツ氏の仮説では、人の右脳が無意識のうちにそれを可能にしているという。人間の脳は無数の仕事を処理する能力があり、逆転機能も備えている。例えば、光(見たもの)は脳で解釈される前に、眼球のレンズを通して反転される。オーツ氏は退行催眠にあるとき、逆転した言葉を話した経験があるというが、人はトランス状態にあるとき、まれに言葉を逆転して話すことがあり、これも右脳のなせる業である。

また、感情がこもったスピーチほど、反転メッセージはより音楽的に聞こえる傾向がある。

こうしたことから、オーツ氏は、反転メッセージは感情を司る右脳によって無意識に生成されていると考えたのだ。

湾岸戦争前に漏れた国家機密

オーツ氏が研究をはじめたころ、意図的に含めた反転メッセージの影響を含めて、ロック音楽が人の脳に与える影響を研究していたのは、ウィリアム・ヤロール氏だけだった。1982年にカリフォルニア州議会で行われた公聴会には、彼が専門家として出席した。そのため、当初は、無意識に含まれる反転メッセージ、すなわちリバース・スピーチの研究は、事実上オーツ氏一人だけが行っていたものであり、論理的な検証という点では十分とはいえなかった。しかし、その後、多くの研究家がオーツ氏の業績を支持し、アメリカとオーストラリアでは分析家としてライセンスの取得を目指すコースが設けられるまでになっている。そして何より、実用という面で興味深い結果が得られていることは注目に値する。

1990年の湾岸戦争が始まる数ヵ月前、オーツ氏は米国防総省の要人によるスピーチを録音して、徹底的に逆再生分析を試みた。すると、今まで聞いたことのない「シモン」という言葉が何度も現れることに気がついたのだ。

彼はその言葉に関する疑問をワシントンDCの知人に頼んで、消息筋に聞いてもらった。すると驚いたことに、「シモン」とはアラブ・アフリカの言葉で「砂漠の嵐」を意味するということがわかったのである。

それが、アメリカ軍が湾岸戦争時に与えた作戦のコードネームであることは言うまでもない。CNNテレビでは、リバース・スピーチが暗号を事前に解読したというニュースを大々的に報じ、その後、オーツ氏はマスコミから多くのインタビューを受けることになった。

マスコミが大騒ぎするのも無理はない。国家的機密でさえも、リバース・スピーチによって簡単に漏出してしまうからだ。逆再生分析は、軍事目的にも利用可能ということである。

一方、この技術は、究極の嘘発見器にもなりうる。事実、オーストラリアとアメリカでは、逆再生分析が警察の犯罪捜査に利用されたことがある。容疑者の証言を録音し、逆再生することで事実を語っているかどうか調べるのだ。

通常、無実の者は反転メッセージで事実を客観的にとらえているのに対して、偽証する者は自分の有罪を認めるメッセージを発する傾向がある。しかし、従来の法的手続を優先すべきことや会話録音に関わるプライバシーの問題などから、具体的にどの事件にどのように利用されたのか、公開されていない。

人の無意識を明らかにする技術をどう生かすか

リバース・スピーチ研究は大きな可能性を秘めてはいるが、他方で、それが一般に認知されると、様々な問題が持ちあがる可能性もある。

例えば、逆再生時に現れた発言が法的に有効であれば、陪審員制度がとられたとしても、O・J・シンプソンのようなケースは有罪となっていた可能性が高い。

さらに、もっと大きな問題も考えられる。大統領や総理大臣のような人物が、公の場で発言するのを敬遠するようになるかもしれない。もちろん、政治家に限らず、著名人、あるいはテレビやラジオでインタビューされる一般人にとっても、同じことがいえる。表では適切な言葉を選び、誰に対しても善人として振る舞うように努めたとしても、まったく異なる隠された本音が暴露されてしまうとなったら、どうだろう。他人事ではなく、自分自身、それを受け入れられるかどうか、考えてみる必要がある。

反転メッセージが有効であるゆえに、政治家たちは会話の録音、逆再生を禁じる法案を可決させようとするかもしれない。そのとき、はたして誰もが「ノー」と言えるだろうか。

多少の訓練は必要だが、リバース・スピーチは、誰でも簡単に検証が可能である。誰もが相手の心を読むことができるようになれば、争い事、犯罪や紛争、さらには戦争すら減少・回避されるかもしれない。

本人ですら気付かない過去のトラウマ体験なども引き出せることから、医学の分野では病因究明や早期診断など、明るい展望も開ける。

オーツ氏の研究が普及すれば、我々は裏表のない人格形成を余儀なくされ、精神性を高める努力を行う方向に向かい、世界の様々な問題が速やかに解決されていくだろう。そして、我々が健全な社会に住んでいて、未来に対してポジティブに勇気を持って立ち向かえば、この技術は浸透していくだろう。

しかし、我々の社会が腐敗していれば、この技術の普及を阻止しようとする勢力が現れるかもしれない。

我々が抱えている問題は、様々な問題を乗り越えるための技術開発が進んでいないということではなく、すでに用意されている技術と知識を受け入れられるかどうかにあるのかもしれない。もしそれを受け入れるならば、我々は努力と精神的苦痛を一時的に体験しなければならないだろう。しかし、それを乗り越えれば、理想的な社会がくるのかもしれない。

＊＊＊＊＊＊＊＊＊＊＊＊＊＊＊＊＊＊＊＊＊＊＊＊＊＊＊＊＊＊

●やはりロック音楽は健康に悪い？

１９６８年、アメリカのオルガン奏者でメゾソプラノ歌手のドロシー・レタラック夫人は、孫を持つ年齢に達してから大学に進学し、植物に様々な音楽を聞かせてその生長に与える影響を調べる実験を始めた。当時、ロック音楽が若者に悪影響を及ぼすことが懸念されていたことを受け、植物を使って実験を行ったのだ。

植物の生長に効果的だったものから列挙すると、シタール（北インドの楽器）によるインド古典音楽、バッハを筆頭にしたクラシック音楽、そしてジャズ音楽という順番であった。ちなみに、シェーンベルクのような前衛音楽やフォーク音楽、カントリー・ミュージックなどは音楽を聞かせない場合と比較してほとんど違いは現れなかった。特筆すべきは、クラシック音楽を聞かせた植物はスピーカー方向に茎を伸ばしたのに対して、レッド・ツェッペリン、ヴァニラ・ファッジ、ジミ・ヘンドリックスなどのロック音楽を聞かせた植物は、スピーカーから遠ざかるように伸び、しかも何も音楽を聞かせなかった場合よりも、生長が遅かったことである。

当時、この実験はアメリカで大論争を巻き起こし、権威ある学者たちにより、音楽が植物の生長に影響するという事実がもみ消されることになったが、ロック音楽が植物だけでなく人間にも悪影響を与える疑いは拭い去ることはできなかった。

ただ、曲だけでなく、ミュージシャンの想念や楽器の影響も無視できないと、筆者は考えている。

演奏にはミュージシャンの思想・信条に基づいた意識や、体調などが映し出されるものである。だから、同じ音楽家の曲であっても、そのときどきによって、異なる結果が現れても不思議はない。

また、現代の音楽では、電磁波を発生する交流電流を利用して、アンプとスピーカーに接続することが前提とされたエレキ・ギターやベースなどの楽器が使われている。そこに問題の一端があると筆者が考えるのは、前衛音楽とはいえ、シェーンベルクのようにピアノという古典楽器を使用した曲の場合、この実験で植物の生長に悪影響が認められていないからだ。

いずれにしても、音が生物に与える影響に関して、今後もさらなる研究が求められるだろう。

＊＊＊＊＊＊＊＊＊＊＊＊＊＊＊＊＊＊＊＊＊＊＊

※リバース・スピーチの詳細は、２０１３年刊『リバース・スピーチ』（学研パブリッシング）において記したが、掲載できなかった日本語による事例も多数存在する。詳細はウェブサイト『驚異のリバース・スピーチ』（http://www.keimizumori.com/reversespeech/）を参照いただきたい。

第九章

三次元世界で不可避の時間の流れを超越するために

——思考回路のタイムラグをいかに最小に留めるか

原因と結果が同時に存在すること

バイオ・アコースティックスでは、録音された声で人の健康状態がわかり、さらに逆再生によるリバース・スピーチ技術では人の本音が判明する。先述したように、無許可で人の声を録音する行為は、確かに人のプライバシーに関わってくる可能性を秘めた問題である。無断で録音されることを不都合に感じる人々も現れるかもしれない。

しかし、本章ではその利用に関するモラルや法的整備などの問題には言及しない。人の声を録音・分析することで開かれた世界はもっと壮大で神秘的であり、それを追究・考察してみたい。そのために、まずは我々が体験する時間の流れについて考えてみたい。

若い頃、誰しも将来の人生に夢を描いたことがあるだろう。いや、常にそうあってほしいものである。それほど大きな夢といわなくとも、目標とする学校の入学試験に合格したり、資格・ライセンスを晴れて取得したり、希望の会社に勤めたり、スポーツや趣味で好成績をあげたり、人生の中で、自分の努力が報われて目標を達成できた経験を持ったことはあるだろう。特に、ハードルが高いほど、その達成感は大きなものとなる。そのような達成感に共通しているのは、自分以外の人に自分のことが認められるという点だろう。試験にパスするのは、自分ではなく他人が設けた基準をクリアすることである。

いやいやながら義務感で何かを目指していても、なかなか上達しないものであり、目標を達成しても、それほど大きな喜びとはならない。「好きこそものの上手なれ」という言葉があるが、そんな境地に入ると、人は強い。自分には特別な能力があると思うことすらあるかもしれない。

実際、それは人間の持つ、一種の超能力といえるかもしれない。同じ知能レベルの人たちが、同じことを目指し、同じような訓練をした場合、概して目標を達成したいという思いが強く、努力を苦に感じないで集中した人の方が、それを義務感でこなす人より目標を達成するのが早いものだ。

では、目標を達成するまでの過程で、人はどんなことを考えるのか、100メートル走の記録に挑戦するアスリートを例に、もう少し詳しく考えてみよう。

選手として本格的に練習を始める人は、おそらく足の速さにそれなりの自信があるはずだ。それで、さらに速くなりたいというポジティブな目標のもとに、中学や高校で陸上部に所属して本格的な練習を始めることになる。この時点では地区レベルでもまだファイナルに残れるレベルではないが、練習を重ねていくうちに、次第にタイムが伸びてきた。そして3年目に、練習を始めた当時は想像もしなかった、全国大会でファイナルに残れるまでになった。そこで得た自信に後押しされ、オリンピックを目指すという具体的な目標を掲げて、大学へ。

振り返ってみると、これまで彼がタイムを伸ばしてきたのは、自分がさらに速く走れたときのことをリアルかつポジティブにイメージできたことにありそうだ。自分が、目標の遥か手前のレベルにある時には、目標達成をリアルに想像することはできない。しかし、自分がある程度のレベルにまで到達すると、リアルに目標達成時の様子をイメージできるようになるものだ。そして、その後の大会でイメージ通りの結果を得ることができた。つまり、常にイメージが先にあって、その後に結果が追いついて来るのである。

会場の様子、スタート・ラインに立つときの緊張感、スタートの合図とともに踏み出す、最初の1歩、2歩目……こうして、目標のタイムでゴール・ラインを通り過ぎる瞬間までリアルにイメージする。これが本当に起こると思えるようになると、それが現実になる。オリンピック出場も夢ではなくなるのだ。

我々は、あまりにも高いハードルを越えることは困難なことを知っているから、現実味のない夢をリアルに想像することはできない。そして、もちろん、なかなかその夢を達成できない。常識と照らし合わせて、内心「そんなことは無理だろう」と考えてしまうからである。しかし、この物質世界に生きながらも、現実味を帯びてリアルに目標達成をイメージできるようになるとき、夢は現実となる。

つまり、この3次元の世界では、頭の中で予定したことと、それが実際に結果として現れるまでの間にタイムラグがある。ところが、それ以上の次元になると、直線的な時間の概念は存在しない。つまり、原因と結果が同時に存在するのである。直線的な時間の概念は物質世界（3次元）特有のもので、それゆえに我々は多くのことを困難と考えがちなのだといえよう。

各界で世界的に活躍している人々の多くはそのタイムラグを最小に留める思考回路を、無意識、あるいは意識的に持っている。物質世界に住む我々にとって、そのような思考回路を持てるのは一種の才能である。しかし、それができるのは、こうした人に限られているわけではない。そして、設定した目標とそれが成就するまでのタイムラグは、その人の意識、能力、努力によって短縮することができるのだ。

因果律の謎

この物質世界においても、ある特殊な条件下では、時間差を感じさせない現象が起こることがある。リバース・スピーチはその好例だが、それだけではない。

かつて、大阪大学工学部工作センター長を務めた政《まさ》木《き》和三《かずみ》博士は、大脇一真君の協力を得て、大阪大学の吹田祭で、次のような公開実験を行った。

一真君には$X^2-6X+9=0$と$X^2-12X+36=0$という2次方程式が書かれた画用紙とクレパスが

与えられた。もちろん、当時小学4年生の一真君にはこの方程式の解き方はわからない。一真君は全速力で走り、「答えになれ」と言って、クレパスと画用紙を空に向かって投げ上げた。

驚いたことに、吹田祭の委員がクレパスと画用紙が落ちた地点に駆け寄ってみると、3と6の数字がはっきりと書かれていたのだ。

このコンビでの実験は、1976年に京都大学の文化祭でも行われた。このときは、2列に並んだ学生の間を一真君が駆け抜けて、「6になれ」と言って紙とクレパスを空に投げ上げた。その紙を拾い上げた学生は叫んだ。「6が裏返しに書けている！」

空を舞っている画用紙に、なぜ文字が書かれるのか。政木博士は、クレパスが動いて文字を書くのではなく、クレパスの先端が微粉末となって飛び出し、ちょうど静電塗装のように文字の形に密着してゆくのだろうと考えた。

さらに政木博士は次のように述べている。

「私はいままで、述べてきたような実験を数百回行い、それを確認してきている。

クレパスと紙を放り投げると、文字のできないときは、投げた瞬間に、紙とクレパスは、別々の方向に飛んでゆくが、字の書けるときは、2メートルぐらいの間、クレパスは紙の上にはりついたようになって飛んでゆく。

文字の発生する時間は、十万分の一秒以下の短時間内に行われるらしく、一真君が投げようとして、右手の親指に力が入った瞬間に、文字が発生するときもある。

文字がどの程度書けたかは、一真君の頭のなかに記憶として残っていて、落ちた紙を調べる前に聞くと、どこまで書けているかをはっきり答える。紙を調べると、ちょうど、その点まで書けていて、間違ったことは一回もない。

実験のとき、チューリップの花だけかけたとき、つぎに緑色のクレパスを持ち、『つづきになれ』と言って投げると、茎と葉がきれいにつながってかけるという場合もあった。それも、花のちょうど真ん中の場所から茎がかけるのである。

この現象も、飛んでいる紙の一定の位置へ、自分の意識によって、生命体が指定された場所へ、クレパスを微粉末として発射するものと思われる」（政木和三著『私は奇跡を見た』〈たま出版〉より）

この実験で、特に興味深いのは、10万分の1秒以下という一瞬のうちに文字が書かれるという点である。つまり、一真君が想念を発した瞬間には結果が現れていたのである。これだけ短時間での出来事においては、原因と結果が同時に存在しているようなものである。

本人がスピーチしている最中にテープに逆再生してはじめて理解できる内容が、もう一つの声として焼き込まれる。リバース・スピーチにしても、原因と結果の直線的な時間の流れから逸脱している。われわれの時間の観念からすれば、リバース・スピーチはあたかも語尾から焼き付けられていくように思えるが、そうではなく、おそらくは、話すべきことを思い付いた瞬間に、すべてのことが起こり、終了しているのであろう。

Part V

自然界から贈られた不都合な未来科学の発見

第十章

昆虫から授かった超先端テクノロジー

——未知なるエネルギー〝反重力〟のメカニズムとは

昆虫学者が発見した反重力の衝撃

自然と動植物をこよなく愛し、芸術的才能にもあふれる多彩な昆虫学者が、自然界（昆虫）に存在する未知なるエネルギーを発見した。そのエネルギーとは反重力であり、彼は次ページ上の写真のようにハンドルの付いたポール板（プラットフォーム）上に固定した装置を利用して、自由に空を飛びまわっていたという。

誰もが馬鹿にしたくなるほどシンプルなこの装置を見て筆者も疑ったが、取材を重ねるにつれ、そう簡単に馬鹿にできない仕掛けが隠されている可能性を知ることになった。実際に空中浮遊しているとされる証拠写真まで存在するのだが、それ以上に衝撃を受けたのは、自然界の深遠さである。

ロシアのノボシビルスク郊外にある農業アカデミー科学センターのヴィクトル・S・グレベニコフ教授は、「空洞構造効果」の発見者として知られる世界的な昆虫学者である。

そのグレベニコフ教授は、１９８８年にある昆虫のキチン質殻に反重力効果があることを発見したことをきっかけに、反重力の作用する重力場に存在する物体が見えなくなったり、ゆがんで見えたりすることまでつきとめた。この発見に基づいて、彼は最大で（理論上）時速１５００㎞（約マ

反重力プラットフォーム

ヴィクトル・S・グレベニコフ博士

ッハ1・5）というスピードで飛行可能な空飛ぶプラットフォームを製造し、1990年以来、それを使って高速移動してきたという。

この重力効果は、わずか数種の昆虫からだけではなく、幅広く自然現象から見出される。TM瞑想等で、空中浮遊するマハリシ・マヘーシュ・ヨーギーのようなケースはいくつも報告されており、これはサイコキネシス（念動）が物体の重量を軽減させたり、完全浮遊させたりする可能性を示唆している。そのような離れ業は、超能力者によってのみ可能であると考えられがちだが、そうではない。

例えば、体重80キロとか90キロぐらいの夢遊病者が、薄い板の上を歩けてしまったり、隣に寝ている人の体を踏みつけても、踏まれた人が気が付かないといった現象は数多く報告されているのだ。このように体重が減少する現象は、夢遊病に限らず、人が何かに取りつかれたような状態にあるときにもよく現れる。

また、通常の意識においては決して持ち上げるのことのできない物体を、咄嗟《とっさ》の際に軽々と持ち上げてしまう「火事場の馬鹿力」という現象も、いわれているような特殊な状況におけるアドレナリンの過剰分泌だけでは説明がつかない。また、重量挙げの選手たちも、反重力にかかわるある部分を強化した結果であるといえるかもしれないのだ。

そのように、人間を含めて、この地球上に存在する動植物をよく観察してみると、極めて不思議な効果を生み出すメカニズムが埋もれていることがわかる。グレベニコフ教授はそれを見つけ出してしまったのだ。

初飛行の実験と目撃されたＵＦＯ

1990年3月17日、グレベニコフ教授は最初の飛行を試みた。のちに、それは大変危険なものであったと回想しているが、まずはその時の様子を紹介しよう。

彼は暖かい季節になるまで待つこともしなければ、プラットフォームから伸びるポールの付け根部分右側のベアリングの不調を直すこともなく、初フライトを決行した。ときは真夜中。誰もが眠りについている時間帯を選んで、農業アカデミーのキャンパスの敷地内から離陸した。

離陸は上々だったが、わずか数秒にして、ビルの窓が足下に見える高度に達するや、彼は目眩《めまい》がしてきた。すぐに着陸を試みたが果たせず、空中にさ迷い続けた。そして、強烈な力が彼のコントロールを失わせ、町の方向へと引っ張っていった。

この予期せぬ、制御不能の力のなすままに、彼は都市部にある9階建てのアパートを横切り、雪の残る空地を通り、ハイウェイへと向かっていった。速度がさらに増し、悪臭を放つ、背の高い工場の煙突群が目前に迫ったとき、ついに、彼はパネル・ブロック部の緊急調整を行った。それによって水平方向への動きは緩《ゆる》んだものの、再び気分が悪くなってきた。

4回目のトライで、ようやく水平方向への動きは止まり、工業地区であるズツリンカ上空に留まった。彼の足下にそびえ立つ不吉な煙突は、静かに悪臭を放ち続けていた。ようやくコントロールを取り戻した彼は、農業アカデミーのキャンパス方向とは異なる空港方面に滑走した。目撃者がいた場合、その人物に再度見られることを避けるために、行きと同じルートを避けたのだ。そして、空港方向に少し進んでから、彼は方向を変えて自宅に帰った。

翌日のテレビと新聞には「ズツリンカ上空にUFO」「また宇宙人か？」といった見出しが躍った。教授の努力のかいもなく、初飛行が目撃されてしまったのだろうか？

記事には、発光球体とか円盤が一つではなく、二つ目撃されたというものもあった。それは窓の付いた皿のようなものだったという報道もあった。

グレベニコフ教授は、目撃されたのは自分ではないと、確信した。というのも、1990年3月は、シベリアやベルギーで頻繁にUFOが目撃されていたからだ。3月31日には、巨大な三角形の宇宙船がフィルムに撮影され、ベルギーの科学者が、現在我々が持ついかなるテクノロジーをもってしても、あのような物体を製造することはできないとコメントしていた。

このベルギーの科学者の意見に反して、グレベニコフ教授は、空飛ぶプラットフォームは三角形をした小さなもので、この地球上で製造されているという。それも、自分が作ったような原始的な仕掛けではなく、もっと洗練されたものであると。

グレベニコフ教授自身も、三角形のプラットフォームを作りたかったと言っている。その方が、より安全かつ効率的だからだ。しかし、彼が長方形のプラットフォームにこだわったのは、折り畳むことができればスーツケースや画材入れのように見え（248ページ下の写真）、怪しまれないからであった。

不可視のフォース・フィールド

結局、ニュースでのUFO目撃事件とグレベニコフ教授の初飛行とは関係がなかったのだが、彼は自分の軽率な行動を反省した。そもそも、こんなテクノロジーの開発よりも、昆虫保護区での研究の方が彼にとっては重要だったからだ。

とはいえ、彼が目撃されなかったのには、確固たる理由があった。

プラットフォームのフォース・フィールドは周囲の空間を上向きに切り取ると同時に、地球の引力も切り離し、不可視の円筒形状空間を作りだす。しかし、彼自身と周囲の空気はそのままその切り取られた円筒形状の空間内に留まった。であれば、自分が見えなくなるはずだと彼は考えた。

この件に関しては、あえて人に近づいて、自分が目撃されていないことを何度も確認している。ほとんど森の近くで遊んでいる3人の子供たちに至近距離まで降下して近づいてみたこともあった。ほとん

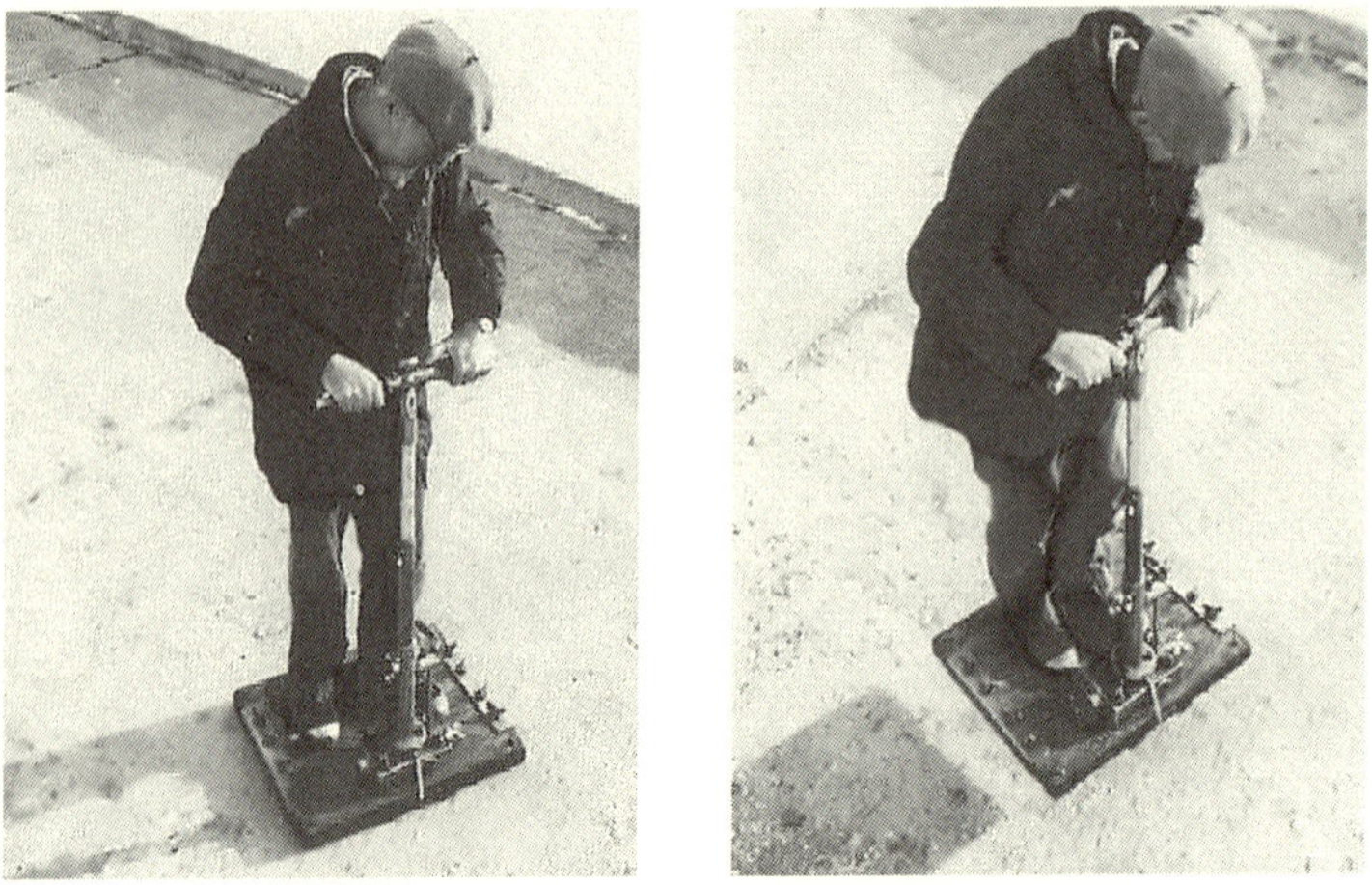

さらに浮上すると、フォース・フィールドで見えなくなるのか？

折り畳んだ反重力プラットフォーム

どの場合、プラットフォームと彼自身の影も投射されず、彼が気付かれることはなかったのである。しかし、そのフォース・フィールドは体をわずかに覆《おお》う程度のものだった。というのも、その中にいれば、風の影響は一切受けなかったのだが、グレベニコフ教授が頭を少し前にせり出せば、すぐにも髪は強烈な風に乱されたからである。

最先端研究の発端は自然界が与えた

昆虫学者のグレベニコフ教授は、自然の中で観察を行うために昆虫保護区等でキャンプして過ごすことが多かった。ある夏の日、彼はカミシュロボ渓谷にある湖へと続く草原にいた。そこで夜を明かすつもりで、コートを下に敷き、バックパックを枕にして横になった。

眠りに落ちかかると、突然目に閃光を感じ、夜空に光が走っているように感じられた。口の中では金属的な苦さを感じ、耳鳴りもする。心臓の鼓動が激しくなり、強い不快感を覚えたのだ。

彼は起き上がり、草原を下って、湖畔に下りることにした。すると、またたく間に、不快感も消えた。しかし、湖畔から離れて、寝床に近づくと、また同じ不快感が襲ってきたのだった。

実は、その場所の地下には、たくさんの蜂の巣があったのだが、蜂が襲ってくるわけではなかったので、そのことに気づかないまま、彼はその夜を蜂の巣の上で過ごした。そして、夜明け前に頭

カミシュロボ渓谷

痛とともに目を覚まし、自宅までヒッチハイクして戻ったのだ。

その後、グレベニコフ教授は何度か同じ場所を訪れたが、そこに来るといつも不快感を覚えていた。

その不快感の原因を理解できたのは、数年が過ぎてからのことである。あのカミシュロボ渓谷の土地が農地として開墾《かいこん》され、無残にも泥の山と化したその場所を訪れたグレベニコフ教授が目にしたのは、地中に埋まっていた蜂の巣だった。

グレベニコフ教授はその蜂の巣を研究室に持ち帰り、ボウルの中に入れておいた。ある時、ふとそれを持ち上げようとして手を近づけた途端、不思議な感覚がやってきた。蜂の巣からは暖かさが感じられたのに、触れてみると冷たかったのだ。そして、しばらくすると、あの忌《い》まわしい不快感が蘇《よみがえ》ってきた。口の中が苦く感じられ、頭がふらついて、気分が悪くなってきたのだ。

そこで、彼は簡単な実験を試みることにした。蜂の巣の入ったボウルの上に厚紙や金属で蓋をしてみたのだが、この感覚はそのままだった。温度計、超音波探知機、磁力探知機、電流探知機、放

グレベニコフ教授が持ち帰った蜂の巣

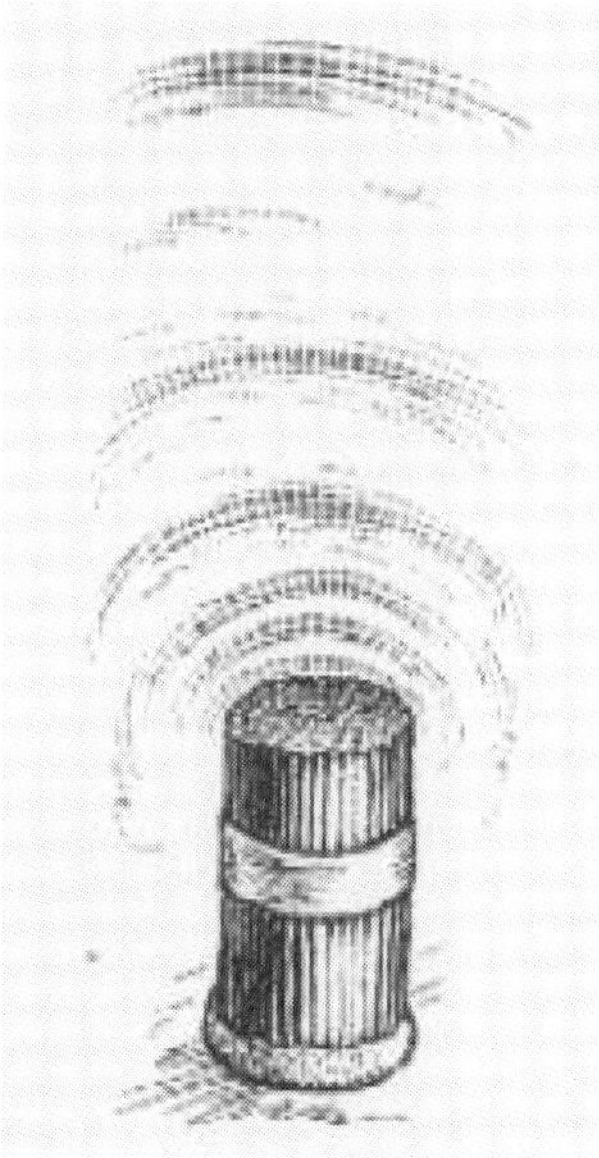

紙チューブの束

射能探知機、さらには蜂の巣の化学的分析も行ったが、まったく異常は発見されなかった。

似たような現象は、葉切蜂に住まわれた紙のチューブの束にも認められる。チューブ内は数層に分かれており、切り刻まれた葉に守られるようにして、幼虫やさなぎを含む卵状繭《まゆ》や絹糸が存在する。その紙のチューブ（251ページ下図参照）の束上に手をかざしてみると、蜂の巣の上に手をかざした時と同様の感覚が起こるのだ。

空洞構造効果とは何か

グレベニコフ教授は、プラスチック、紙、金属、木を使って人工的に蜂の巣を作ってみた。それによって判明したのは、不思議な感覚は、蜂の巣そのものではなく、蜂の巣の構造、すなわち、大きさ、形状、数、配列によってもたらされるということであった。

蜂の巣のような空洞構造を人工的に作り出し、そのフィールドにおいて植物の生長差を調べてみると、空洞構造のフィールドを利用したものの方が生長が早まるという実験結果が得られた。そして、植物の根が生える方向は、空洞構造の蜂の巣や人工物から離れる方に向かうこともわかった。

それだけではない。このフィールド内に置いた時計や電卓は正常に動作せず、空洞構造の持つ作用は、そこから離れても影響を及ぼす。しかも離れるほどその影響が減衰するというわけではなく、何か不可視のシステムがあるようだった。

さらに興味深いのは、空洞構造のフィールドをどこかに移動しても、たいてい数分間（長い場合は数ヵ月間）は元の場所で作用を残し、新しく移動した場所で作用するのにやはり数分の時間を要することである。これをグレベニコフ教授は「幻影」現象と呼んでいる。

ノボシビルスク郊外の農業生態学美術館では、椅子の頭上にミツバチの巣を入れた箱を設置したものが展示されており（254ページ下参照）、空洞構造効果を体験できる。椅子に腰掛け、10～15分ほど待つと、誰もが不思議な体験をできるというのである。ちなみに、ミツバチ以外の蜂の巣を利用した場合は、最初の数分間は人に不快感を与え、決して人間にとってプラスになるエネルギーを受け取れるものではないという。

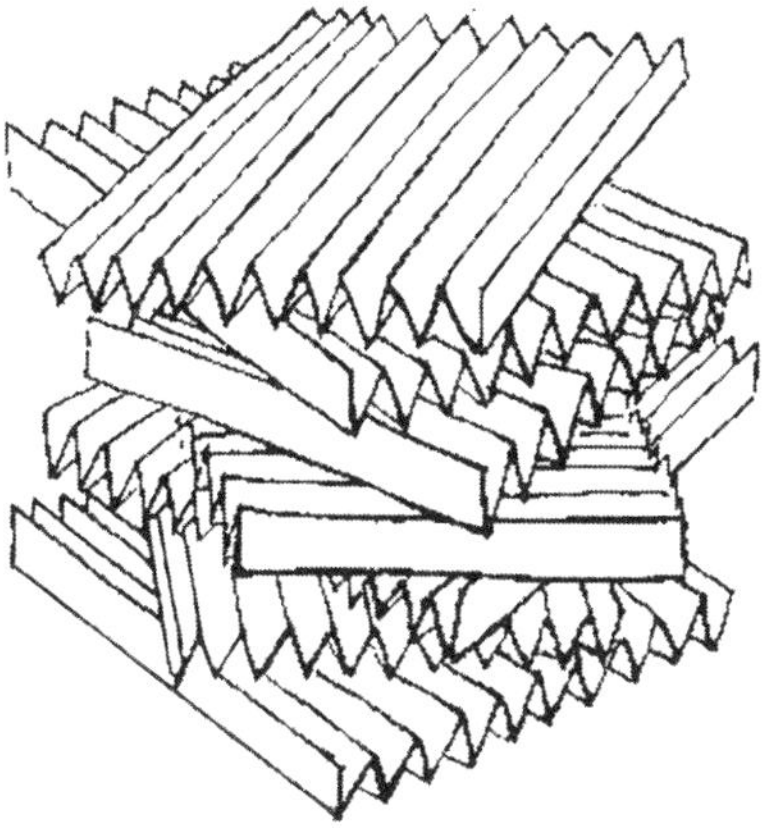

人工的に蜂の巣同様の空洞構造を作り出す方法

他にも簡単に空洞構造効果を体験する方法がある。上の図のように、アコーディオンのように1枚の紙に10個の折り目を入れて、計20面できるようにする。できれば、暗い色の紙は避けたほうがいい。それを計7枚作る。底に置いた紙に時計回りに30度回転させて2枚目を接着剤で固定し、そこからさらに30度回転させて3枚目を接着固定する。そのようにして、全部で7

写真右下より空洞構造のフィールドにさらされた「発芽中の種子」

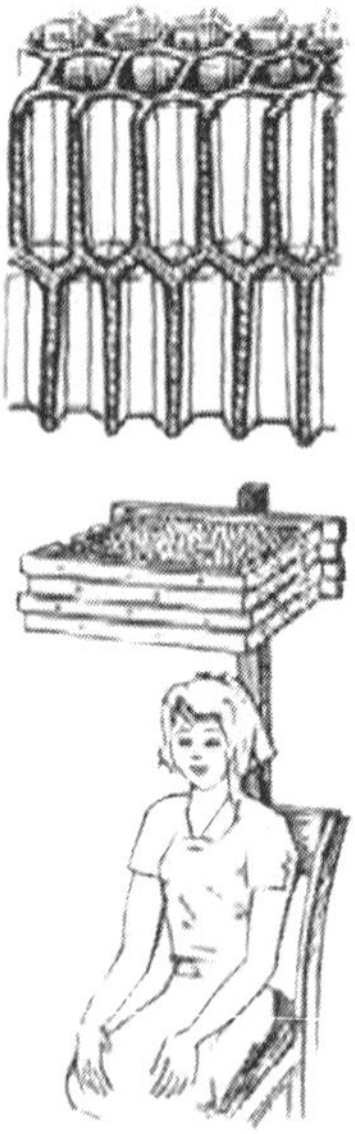

空洞構造効果を体験できる椅子

枚重なったものを作った後、その上部や下部に手のひらをかざしてみたり、頭上10〜15㎝にくるように設置してその下に座ると、蜂の巣と同様の空洞構造効果を体験することができるという。

空飛ぶ昆虫の繭《まゆ》の不思議

1981年のある日、グレベニコフ教授はノボシビルスクの郊外で、いつものように昆虫、葉っぱや花などを採取していた。そのとき見つけた軽い小さな繭をビンの中に投げ入れ、蓋をしようとした時、それが飛び跳ねた。

繭が自力で飛び跳ねるなんて、あり得ない。しかし、グレベニコフ教授の常識を覆し、繭は何度も飛び跳ねてビンの壁に当たっては落下した。

彼はその繭を自宅に持ち帰って観察することにした。長さ約3㎜、幅1・5㎜の繭の外側は硬く、暗闇では動かない。ところが、光を当てたり暖めたりするとジャンプを始め、ときには5㎝も飛び跳ねることもある。しかも、転がりもせず、スムーズに飛び上がるのだ。足があるか、体を曲げることのできる昆虫であれば、それも理解できないわけではないが、ただの卵形の物体が、自分の背丈の十数倍も飛び跳ねる理由がわからなかった。また、水平に飛ぶこともあり、その距離は35㎝にも及ぶ。

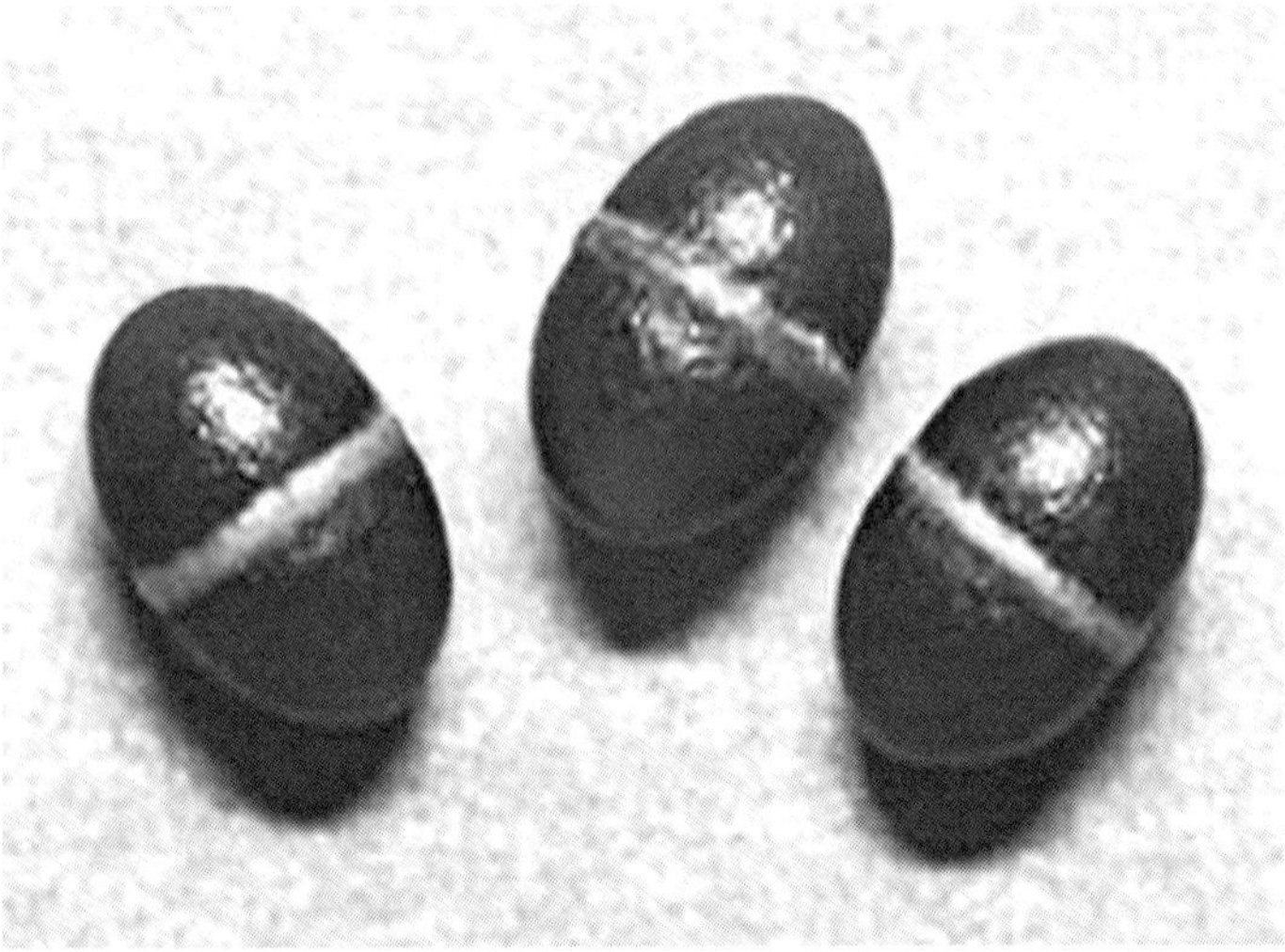

自力で飛び跳ねる繭

オスのヒメバチに分類される成虫

グレベニコフ教授は、その繭が硬い容器の底を蹴るようなこともありえるかもしれないと考え、今度は柔らかい綿にのせて、繭のジャンプを眺めることにした。結果は驚くべきもので、やはりその繭は、決して硬い底を叩かずに高さ4・2㎝ほど飛び上がったのだ。

結局、その繭から、オスのヒメバチに分類される成虫（Bathyplectes anurus）が誕生した。その幼虫はアルファルファの害虫であるゾウムシに寄生するので、農業にはありがたい存在である。

反重力のメカニズムはこうなっている

もしあの蜂が、地球を脱出したいという意志を持っているとしたら……。グレベニコフ教授は次のように空想した。

翼を持った成虫の蜂は飛ぶことはできるが、高度を増せば空気が薄くなってしまい、その目的は果たせない。だが、繭内の幼虫の場合は、状況がまったく異なる。もしも、5㎝飛び上がった繭を捕まえて、そこからさらに5㎝飛び上がらせるとする。そして、そこからさらに5㎝飛び上がらせてと、延々と繰り返したら……。

グレベニコフ教授は、そんな空想を現実のものとしてしまったらしい。それが空飛ぶプラットフォーム完成の背後にあったと想像する人々もいる。

反重力プラットフォームの細部

空飛ぶプラットフォームは、前ページの写真のように大変シンプルである。皆さんは、一体どこにそんな仕掛けがあるのかと思われるかもしれない。

操縦方法に関して問い合わせたジェリー・デッカー氏に、グレベニコフ教授は、次のように説明したそうだ。ハンドル部分から下に伸びる2本のコードは、オートバイのクラッチとブレーキのようなもので、片方が前方にある翼（適切な言葉ではないが、翼の役割を果たす反重力因子である）を制御し、もう一方は後方の翼を制御する。前後両方の翼を全開にすると、真上に急上昇する。前方に水平移動する際には、前方側の翼を半分閉じる。それによって前傾して、「前方に落ちる」ように、前進する。上昇する高度や、浮上させられる重量は、内部に埋め込まれた昆虫の殻の数で決まってくる。因《ちな》みに、グレベニコフ教授は、高度300メートルまで上昇できる数の昆虫の殻を入れていたという。

グレベニコフ教授によると、空飛ぶプラットフォームが生み出すフォース・フィールドのおかげで風圧は感じないものの、特に高速においては極めて操縦は難しいそうだ。また、天候に関して、雨の時や、冬の視界の悪い時は危険で、夏の快晴時の飛行がベストだという。

筆者の推論

さて、「昆虫の殻」とは、具体的に何なのだろうか？　デッカー氏は、それはおそらく六角形をした甲虫の殻だろうと言う。他方で、先に触れたヒメバチに分類されるBathyplectes anurusの繭《まゆ》を利用したと推測する人もいる。グレベニコフ教授自身が書いた本の英語版を読んだ筆者も、やはり六角形構造に関連した甲虫の殻を利用したものと思えた。しかし、グレベニコフ教授が決して口を割らなかったため、残念ながらこの点は謎のままである。

では、プラットフォームの底部はどうなっているのか。ジェリー・デッカー氏の推測と合わせて、筆者の推測をご紹介したい。

おそらく、プラットフォームの前半分と後半分の底部は、内部がくりぬかれている。それぞれの内部には、折りたたんだ状態で高さ2㎝程度の蛇腹があって、その表面上向きに甲虫の殻が取り付けられている。というのも、プラットフォーム自体の厚みが4～5㎝と考えられるため、内部をくりぬかれても、最低限人が乗れる強度を保てる空洞を考える必要があるためだ。蛇腹の調整はオートバイと同じようにハンドルのグリップを回すことで行い、前後両方の蛇腹を全開にすれば、より大きな速度で上昇する。前方の蛇腹を半分閉じると、甲虫の殻が斜めに向き合って反重力効果が半減するので、前方に傾いて前進する。高度を下げる際は、前後両方の蛇腹を同じように閉じていく。着陸しているときには、蛇腹がぴったり重なり合って、すべての力を打ち消し合う状態になっている。このような仕組みがプラットフォームの底部にあったのだろう。

しかし、これだけでは、左右の動きが調整できない。そこで、左右には、やはり甲虫の殻を表面に貼り付けた板状のアイスクリームの棒のようなものを、回転できるように取り付ける。両方とも右に向ければ、右に飛ぶ。互いに向き合わせれば、左右の動きは打ち消し合う。そして、両方とも上に向ければ、さらに上昇を助けることになる。この部分は、ハンドルのグリップとは別のところで操作したのだろう。また、若干の回転なら、体を動かすことでもできたかもしれない。

なぜそのようにしなければならないのかといえば、空洞構造効果を起こす物体の前に板や金属等を置いて遮断しても効果が薄れないからである。つまり、互いに力を打ち消し合わない限り、コントロールできなくなってしまうのだ。

ただし、これはあくまでも筆者の推測であり、確信を持てるものではないことをお断りしておく。

謎が明かされない二つの理由

グレベニコフ教授は、この空飛ぶプラットフォームをずっと秘密にしてきた。その理由は、彼自身の説明によると、主に二つある。

第一の理由は、真実を証明するためには時間と労力を要するからである。それで、グレベニコフ教授はそのいずれも持っていないと考えていた。

第二の理由は、唯一シベリアに生息するある種の昆虫を利用したからである。グレベニコフ教授は、自然と地球上のあらゆる生物を愛した昆虫学者であり、動植物たちとともに過ごすことで幸せを見出す人物であった。もしその昆虫の名前を具体的に公表してしまえば、誰もがその奇跡の昆虫を捕まえようとして、すぐに絶滅の危機に遭うだろうと考えたのだ。唯一わかっていることは、シベリアに生息する甲虫1100種のうちのどれかの殻（または繭《まゆ》か巣）を使用したということである。

1999年頃からグレベニコフ教授は体調を崩し、入院したという。その間、多くの人々から取材を受けたが、具体的な昆虫の名前を決して明かすことはなかった。また、空飛ぶプラットフォームも、自分自身でハンマーを使って粉々に破壊してしまったという。そして、2001年4月、彼は74歳にしてこの世を去った。

今となっては確認できないが、蜂の巣のような自然が作り出した形状や昆虫の持つ未知の力などには、興味深い考察すべきことが存在するのは確かである。空洞構造効果のような未知の力に対する研究が土台にあることを考えれば、空飛ぶプラットフォームの実在を信じることは、決して常識を逸脱したものではない。

グルベニコフ教授が残した興味深い言葉がある。

「6本足の友達なしに、我々は何もできない。自然とともに生きれば、似たような装置はすぐに手に入れることができるようになる。自然を守らなければ、もちろんそのような装置も手に入らない」

自然界にはたくさんの秘密が隠されている。そして、我々が必要とするものすべてが存在しているとも言えるだろう。我々が自然破壊さえ行わなければ、自然の動植物からあらゆる病気に効く薬や知恵を発見できるであろう。また、宇宙飛行を可能とするテクノロジーのヒントも隠されていたことが、このグルベニコフ教授の研究からもわかったように思われる。

我々は身近にあるものをあまりにも軽視したライフスタイルを選んできたがために、様々な問題を生み出し、回り道をしてきたのかもしれない。

* *

●ポルターガイスト現象と超能力

グルベニコフ教授は蜂の繭（まゆ）のジャンプを目にして、ポルターガイスト現象に似ていると感じた。他にもポルターガイスト現象に関連すると思われる例を紹介している。

次ページの図のように、ガラス容器の中に少し水を入れて、上部から描画用木炭を吊るして

第十章　昆虫から授かった超先端テクノロジー
——未知なるエネルギー〝反重力〟のメカニズムとは

263

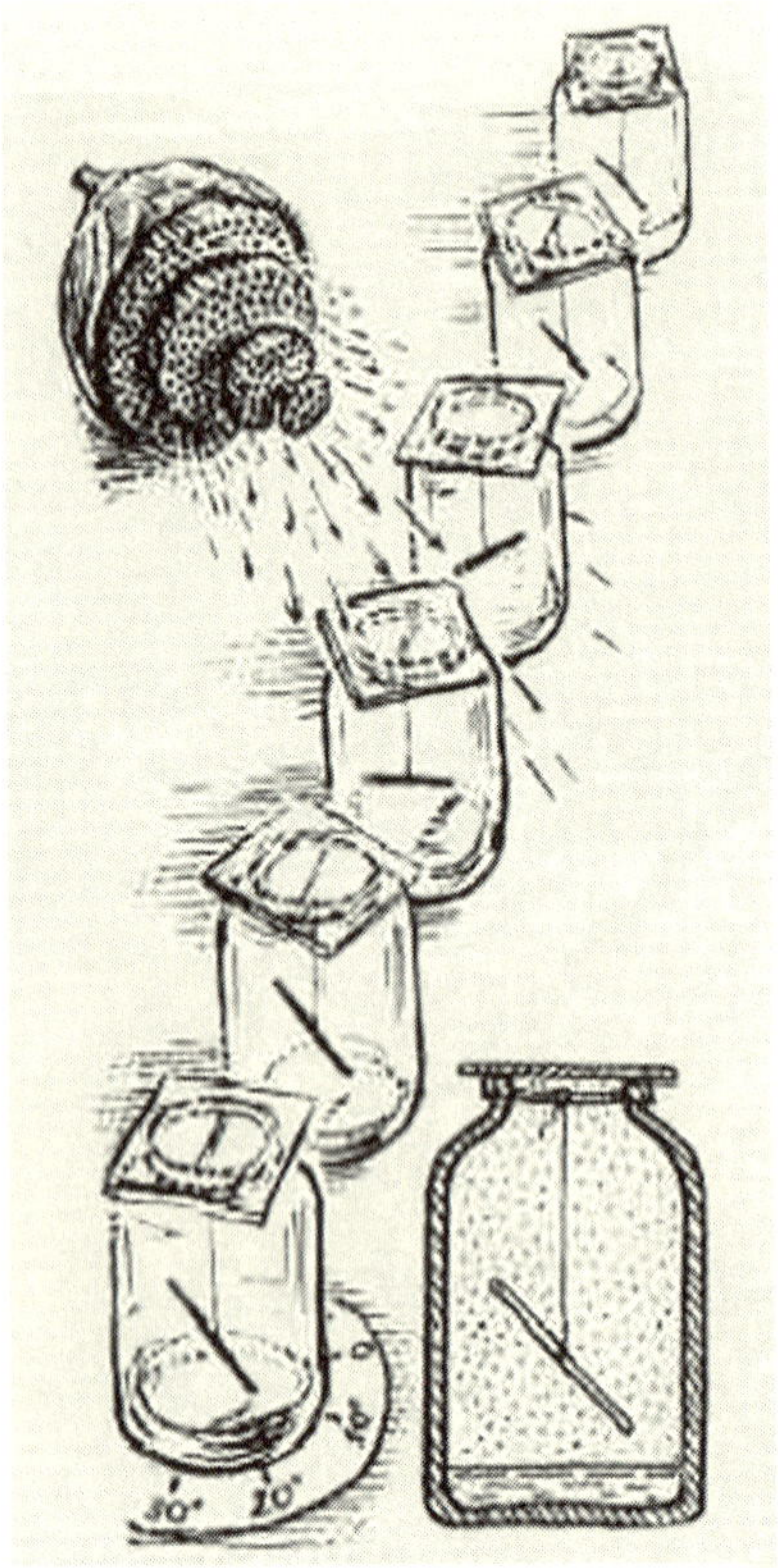

再現可能な空洞構造効果の一例

蓋をする。それに、蜂の巣を向けると、容器の中に吊るされた木炭が動いて角度を変えるのである。もちろん、蜂の巣でなくとも、人工的に空洞構造効果を生み出すものを使えば、同様の現象を起こすことができる。自然の中には空洞構造効果を生み出す様々なものが存在し、人工的にも多く存在しているものと思われる。そうしたものが、意識が及ばないところで、ポルターガイストのような特殊な現象を起こしているのかもしれない。

さらにグレベニコフ教授は、超能力に関連すると思われる興味深い言及を行っている。管状指骨、関節、靭帯、血管、爪を持つ人の手は、極めて高い空洞構造効果を示すというのだ。そのため、2~3メートル離れたところからでも、人の手（指）を容器に向けるだけで吊るされた木炭を動かすことが可能だという。

この空洞構造効果を応用すると、2~3メートル離れた場の物体を動かしたり、軽いものであれば、空中に浮遊させたりすることもできるという。そのため、グレベニコフ教授は、この世の中に超能力者は存在しないと考えていた。こうしたことは自然から学び取れるものであり、それを利用すれば誰でも可能という意味で、超能力ではないというのだ。

＊＊＊＊＊＊＊＊＊＊＊＊＊＊＊＊＊＊＊＊＊＊＊＊＊＊＊＊＊＊＊

※古代人は昆虫のような自然の産物や自然現象に学び、反重力技術を手に入れ、巨石の運搬等に応用していたと思われる。長年秘匿されてきた古代の叡智が存在することを悟り、その公開に着手した筆者の新刊は近くヒカルランドより出版される予定である。

第十一章

自然との共生が人類の未来を切り開く

――想念や感情のコントロールを経て愛のある進化へ

この世のすべての物質に生命が宿っている

「地球は生きている」という言葉をよく耳にする。

確かにその通りで、それに反論する人はいないだろう。地表には動植物が生き、雨や風を伴う気象の変化がある。また、火山活動や地震もある。常に地球は揺れ動いているのだ。

人間、動物、植物は明らかに生きている。では、足下に転がる石や土が生きていると思えるだろうか？　土や石が集まってできた山で、火山活動があれば、生きていると言えるのに、部分だけを切り離すと、生きているとは言い難くなる。

本来、生きているものの体を見れば、部分でも全体でも生きているはずだ。実際、動植物であれば細分化の先に生きた細胞がある。しかし、その細胞をさらに細分化して原子レベルにまで来ると、また疑問が生まれる。「これは生きているのだろうか？」と。

地球上のあらゆる生命を語るのに、この例はとても示唆的である。多くの人々は、動植物は皮膚という膜に覆われて、外界とは独立して生きていると考えがちである。実は、我々のこのような思考そのものに問題があり、矛盾の一因を生み出してしまう。

ミクロのレベルで動植物の皮膚（外皮）を覗いてみれば、現実には、外界と隔てる膜など何もないことがわかる。皮膚ばかりか、この世の中のすべてのものは原子でできている。原子とは、中心の原子核とその周りの電子から構成されている。原子を東京ドームにたとえれば、原子核はその中央にある1個の野球ボール、電子は東京ドームの周囲を動き回るパチンコ玉のようなもので、原子はほとんど隙間《すきま》だらけなのだ。つまり、我々は生きた幽霊のようなもので、体内は外界から筒抜けの状態なのである。だから、日頃我々は幻影を見ているのだと考えた方が良いかもしれない。

ミクロのレベルで見れば、この世にはぶつかるものはほとんどなく、時折もやのように粒子が集まっているような場所があるだけなのだ。我々は周囲の空間と筒抜けであり、外部と内部は常に情報交換・交流があるといえるだろう。重要なことは、我々は独立して自己の生命を維持しているのではなく、境界なく繋がった周囲の環境によって生かされているということだ。

当然、生物と無機物との間にも境界は存在しない。実は、これは100年以上も前にインドの天才科学者ジャガディス・チャンドラ・ボース卿によって、科学的に証明されていたという。これが現実で、これが生命を知る鍵なのだろう。

つまり、万物が生命を持っているというよりも、我々の肉体を含めて、微小粒子で構成される万物は常に周囲と同化しており、この世の中のすべての物質に生命が宿り得ると捉える方が、より正確なのだろう。そして生命は、我々の現在の科学では検出できないほど微小な粒子でできているとも想像される。それが気功における「気」、ヨガにおける「プラーナ」、サイ粒子、宇宙エネルギー、あるいはレプトンと呼ばれるものなのかもしれない。

想念も感情も物質なのか？

古代仏教の文献の中には、人体は肉体以外に六つの体があり、7層構造になっていると記述されているものがいくつかあるという。最新のテクノロジーで、ミクロの世界を垣間《かいま》見ることができるようになってきた近年、世界中の科学者は、人間の魂が微小粒子から構成されている可能性を探ってきた。それにより、心霊現象も科学的に説明可能とされ、その微小粒子の正体に関して、ある者はニュートリノであると主張し、またある者は陽電子（ポジトロン）であると主張してきた。

モスクワ・ステート・ユニバーシティーの宇宙物理学者、ボリス・イスカコフ教授（1934年11月14日生まれ）は、この分野の研究では先駆的存在だ。彼が到達した結論によると、魂は現実に存在し、不可視ではあっても、物質で構成されている。その物質の正体は、質量にして10のマイナス30～40乗グラムと、電子よりもはるかに軽い微小レプトンであるという。そして、人間はそのレプトンのガス層に包まれ、同化しており、原子核の情報を記憶するレプトンは、肉体の死後もその記憶を留めるとされる。そのため、肉体が死んでも、同化していたレプトン・ガスと接することから、人々が体験する心霊現象にある程度説明がつくというのである。

ロシア人研究家のアナトリー・オカトリン氏も、様々な実験と計算から、レプトン・ガスは物質世界のすべての情報を記憶しているという結論に到達している。また、人間の想念は最軽量のレプトンによって運ばれ、その伝達速度は光速すら超えるという。そのレプトンは、波動帯ごとに極性を持ち、磁石のように引力や斥力《せきりょく》を持つ。このことから、「気」が合う、合わないという感覚はもちろん、心霊現象の多くは、古典的な電磁気的特性や共鳴現象を含めた波動性で説明できるというのだ。

今後、他の科学者による追検証も必要だろうが、少なくとも、ミクロの世界を思い描けば、微小粒子が何の障害もなく空中を移動し、情報のやり取りが行われていても不思議ではない。

病気や危機的状況はいかにして回避するか

自然界では、動植物が事前に瞬時に危険を察知して、避難行動をとる現象は広く知られている。自己の存在を周囲の環境と区別することなく、自然の一部として生きているのだから、それはむしろ当たり前のことで、我々現代人だけが特殊なのかもしれない。

自然界には、さまざまな「共生」関係がある。

大型の魚とコバンザメの間の関係は有名だが、触手に毒のあるイソギンチャクとそこに住み着くクマノミの関係も、互いに寄り添って生活することでメリットを共有しているとされる。また、クマノミは、体の大きなものがメスとなり、他はオスに留まることで、同一種での助け合いでも存続をはかっている。

植物の世界では、昆虫や鳥などの動物に受粉を依存する種も多い。アカシアは、ある種の蟻を守備隊に徴募し、他の昆虫や草食哺乳動物から守ってもらうための返礼として蜜を与える。

特定の動植物同士が共生関係にあるケースは珍しくないが、大地震などの災害時に、動物が他の動植物から警告を得て避難するケースもあるようだ。また、遠い距離を隔てて配置された植物同士が、危機的状況に対して同時に反応することは、クリーヴ・バクスター、マルセル・ヴォーゲル、ピエール・ポール・ソーヴァン等の実験によって確認されており、生物の間には何か共通の知覚力が存在するといわれている。

植物を生長させる力のある一種の真菌類は、多くの緑色植物の根と共生し、双方とも利益を受けている。アルバート・ハワード卿は、最も健康なブドウ酒用のブドウの木の根には、菌根と呼ばれる真菌類で溢れていることを発見している。

第二章で取り上げたソマチッドは、地上の全生命にとって不可欠な共生生物の最たるものである。我々の体内に共生しているソマチッドは、そこが住みづらくなれば、形態をバクテリアや真菌のように変化させ、我々の肉体を蝕《むしば》んでいく。これは体内の一部（赤血球）がガン細胞を生み出す状況と似ている。

ガン細胞は我々の体の一部が変化したものであり、それを敵とみなせば、自己を敵とみなすに等しい。自己の存在を否定することは自殺行為であり、これまでのガンを攻撃するというスタンスでの治療が、努力のわりには報《むく》われないのも、ある意味、当然なのかもしれない。

本来ならば、万物を自己と同一視して、共生すべき対象として愛を傾けることの方が重要なのだろう。

DNAは感情に敏感に反応する！

そもそも、我々はなぜ病気になるのか？

同じ環境、同じような生活習慣（食事、睡眠、運動）にあっても、病気になる人とならない人がいる。もちろん、遺伝的な体質の違いはあるだろうが（前世も影響すると考える研究者もいる）、それを差し引いたとして、病気に対する抵抗力の差は何に由来するかというと、主に思考性癖である。腹を立てたり、不満を持ったり、自分を含めて人を責めたり、根に持ったり……。そのようなネガティブな感情を心の中に押し込んでしまうと、そのストレスが引き金となって免疫力が低下して、次第に体の不調として現れてくるといわれている。

精神と科学の関係を追究したグレッグ・ブレイドン氏によると、人の感情が免疫能力に影響を与えることは、米カリフォルニア州のハート・マス研究所によって実証されており、同研究所は、それを「安定した心電波形のDNA対比変化における局所的および非局所的影響」と題した論文として発表している。

この論文によると、人間の胎盤DNA（DNAの最も原初の形態）を、その変化を測定できる容器に入れ、28人の研究員にそれぞれ与え、DNAが研究員の感情にどのように反応するかを調べた結果、著しい変化が確認されたという。

研究員が愛・感謝・賞賛を感じる時、DNAはそれに反応して弛緩《しかん》し、そのらせん構造を解いてより長くなった。一方、研究員が怒り・恐れ・葛藤、あるいはストレスを感じる時、DNAは堅く引き締まって短くなったうえに、そのコードの多くがスイッチ・オフ状態になったのだ。つまり、ネガティブな感情によって、DNAは機能不全を起こすのである。そして再び研究員が愛や喜び、感謝や賞賛の感情を抱くと、機能を停止していたそのDNAコードは機能を回復したのだ。

この実験はその後、HIV陽性患者に対しても行われた。その結果、喜び・愛・感謝の感情を持つ被験者の場合、そのような感情を持たない被験者と比べて最大で30万倍もの抵抗力を生むことが発見されたのである。そして、感情の変化が与える効果は電磁気的影響を超えるもので、自らの意志によって感情をコントロールできるように訓練された人が、そのDNAの形状を感情に応じて変化させ得ることが判明した。

つまり、ウィルスやバクテリアが我々の体内に入り込んだとしても、愛・喜び・感謝の感情を持ち続ければ、発病する確率は極めて低くなるといえるのである。

チベットの伝統医療が現代人に教えるもの

様々なネガティブな感情を心の中に押しやってストレスを溜めてしまうことが病気の原因だとすると、そうした感情がどこからやってくるのか考えてみる必要がありそうだ。

その答えを出す前に、チベットの伝統的な医療について紹介しておこう。

チベット医学は、患者の苦痛を見ることを重視する。それによって、医師は患者に対して同情心を抱き、できるだけ患者を助けたいという愛を持つようになる。また医師は自分が学んできた医学に強い信頼感と誇りを持っており、そのことが自信をもたらしてベストな治療を行えるようになる。こうした医師のスタンスが、チベット医学をきわだって特異なものにしている。

患者の診断にあたっては、視覚的診断、触診、問診の三つが基本で、視覚的診断では、患者が医師の部屋に入ってくる際の動作を観察することに始まり、顔色、舌、尿の色味を特に重要視する。次いで脈をとり、皮膚や髪の毛にも触れて、その状態を確かめる。そして、過去に何があり、現在どこが悪いのかを聞いて、おおよその病気の原因を探る。また、患者が何を欲するかを聞くことも欠かせない。患者は病気の性質と逆のものを求めるもので、体が熱くなっていれば、冷たいものを、体が冷えていれば温かいものを欲しがるからだ。

治療は、生活習慣、食事、投薬、外部セラピーの四つで対応する。中でも、特に重視されるのが生活習慣と食事で、大抵の病気の原因がそこにあるとしている。酒の飲み過ぎで肝臓を悪くしていれば、酒を断つように助言したり、糖尿病の患者には甘いものを摂らないように助言するのは当然なのだが、患者があまりにもお喋りだったりすれば、もっと穏やかにするように日頃の態度を改善するようにといったアドバイスまでする。というのも、患者の日頃の生活習慣や言動が病気を引き起こす一因になっていると考えられているからだ。体の中の何かに偏《かたよ》りが生じれば、それを中和する逆のものが必要となる。生活態度においても、しかりなのだ。

薬に関しては、植物、果物、薬草など、自然のものが使われる。人間も自然の一部であり、その変調を正す薬も自然の中に存在すると考えられているからである。

チベットの医学で特に興味深いことは、患者の性格分けを行い、それによって治療方法が異なることである。これは、日本語よりも英語で説明するとわかりやすい。例えば、「hot」には、怒りっぽいという意味もある。そのため、「hot」な性格が原因で生じた病気を癒すためには、「cold」なものが与えられる。実際、体の中を「cold」にする薬や冷湿布による治療が行われる。この「cold」には熱意がないとか冷淡という意味もあり、「cold」な性格から生じた病気には、体の中を「hot」にする薬や温湿布が治療に使われる。また、「windy」とは、風が強いという意味だが、落ち着きがなく無駄口の多い人も指す。そして、「windy」な性格が原因で病気になった患者には、その動的エネルギーを中和するような薬や湿布が与えられる。

チベット医学では、「hot」エネルギー、「cold」エネルギー、「windy」エネルギーのバランスが取れているのが健康であると考えられている。この国では大昔から、人の性格、想念が病気を生み出すことが認識されていたのである。

ところで、そもそも我々のネガティブな感情自体がどこからやってくるのかという問いの答えだが、チベットでは次のようにいわれている。

すべての病気は我々の無知から来ている。啓発されていない我々は、この無知のせいで利己的になる。このエゴが欲望、怒り、狭量さを生んでしまうのである。

つまり、我々のエゴがネガティブな感情のすべてを生み出しているということのようだ。エゴをなくすことは至難の業だが、良く考えてみると、確かにエゴが悪想念を生み出していることに納得がいくだろう。エゴさえなければ、病気ばかりか、世界に戦争はなくなる。そう考えると、自分のエゴは上手くコントロールして、常に相手の幸せを意識して、与えられた現状に満足・感謝していくことが健康の秘訣であることがわかる。

資本主義社会の欺瞞に惑わされないために

現在、環境破壊は止まらず、地球は死の重症にある。自然こそが我々の健康の元であり、薬であるにもかかわらず、地球環境を破壊して、それを我々が自ら失いつつあるのはまことに愚かなことである。この世の中のほとんどの病気は環境破壊からもたらされていることは、おそらくほとんどの人が理解しているはずである。にもかかわらず、我々はなおも自然環境を破壊し続ける。

そのことに心を傷めつつも、今の便利な暮らしを捨てられないという人々が、大半だろう。あるいは、自分だけが対策を講じたところで、大きな流れは変えられないと無力感を覚える人もいるかもしれない。

しかし、自分にできることを少しずつ変えてみるだけでも大きな前進なのだ。例えば、仕事やボランティアで真剣に環境問題に取り組んでいる人々を信頼して、サポートすることでもいいだろう。ゴミを少し減らすようにしただけでも、ゴミ焼却場から発生する有害物質が減少する。

植物が音楽に反応して生育状態が変わることはすでに述べたが、我々が身の回りの植物に愛を傾けるだけでも、植物の生命力は向上する。地上の全生命に敬意をはらうだけでも地球の免疫力は向上して、異常気象は緩和されるはずなのだ。大きなことは小さなことの積み重ねによってでしか実現しないのだ。

本書において、筆者は現代人が抱える病気の原因に環境問題が密接に関わってきたことを紹介した。あらゆるテクノロジーの源が自然界にあり、地球や人類を救う技術がすでに存在しているというのに、それを採用していない人類のおろかさにも触れた。

地球や人類を救う方向に動くことは、たしかに経済的な不利益をもたらすことは多々ある。しかし、長いスパンで考えれば、自己の存続すら危ぶまれるわけであり、こうした目先のことにとらわれた判断は、おろかとしかいいようがないのだ。

地球の人口は73億に及ぶ。その一人ひとりが自分と地球の健康を真剣に考えて、エゴをコントロールするようになれば、世の中は必ず変わっていくものだ。

我々人間を含めて、地上の全生命は、ミクロの視点を持ち出すまでもなく、互いに同化し共存している。その現実を理解し、周囲の自然環境に対して愛を持って接するようになるだけで、世界は大きく変わり始めるだろう。なぜなら、本書で紹介したように、人類が幸せになり得る医療技術や環境テクノロジーを、すでに自然界という教師から我々は学び取っていたからだ。

そのような科学的な大発見は、競争原理という緊張感の中で生み出されたものでは決してない。そのことは、自然界の動植物に愛を持って生物学的アプローチをしてきた人々は、遥か昔に地球や人類を救う策を発見していたことが物語っている。

ソマチッドを発見した牛山篤夫博士やガストン・ネサン氏、父親をガンから救いたいと考えたサム・チャチョーワ博士、自然と昆虫を愛して反重力を発見したヴィクトル・S・グレベニコフ博士、植物が意志を持つことを発見したクリーヴ・バクスター氏、生物と無機物の間には境界がないことを発見したジャガディス・チャンドラ・ボース卿、本書では大きく取り上げなかったが、世界中の人々に無料で電気を供給する方法を見出したニコラ・テスラ氏など、数十年から100年以上も前に人類にとって最重要ともいえる業績を残している。

このような彼らが苦難を強いられてきたのは、その業績が産業界や政界にとって不利益をもたらす、不都合なものだったからに他ならない。

すでに存在している自然と人類の叡智《えいち》は、競争原理に基づいた社会に毒された人々の視界にはなかなか入って来ないものだ。膨大な情報がたれ流されていても、関心のある分野の重要なニュースは見逃さないものだが、重要そうでない情報はただ素通りするだけで終わる。

筆者は、本書において、見落とすべきではない情報をあえて掘り起こした。現代人は、何が重要なのかを判断する基準すら見失ってしまっていると感じたからだ。

しかし今、資本主義社会の欺瞞《ぎまん》にまどわされることなく、人類の平和と健康という視点を持ち続けることの重要さを、ある程度理解していただけたものと思う。

うわべでは科学技術が発展したと思われている今こそ、我々は身の回りの自然環境にこそあらゆる答えが存在していることに気付き、共存の道を選ぶべきなのだ。

あとがき

　近年、地球環境問題に対する人々の関心は世界的に高まりつつある。最近では、アメリカの前副大統領アル・ゴア氏が原作・出演の映画『不都合な真実』が話題となり、さらなる問題の深刻化が注目・懸念されている（本書出版間際の10月12日、気候変動問題への取り組みが評価されて、アル・ゴア氏のノーベル平和賞受賞が決まった）。

　本書でも言及したが、現在のところ、二酸化炭素の排出量増加が直接的に地球温暖化を導いているという科学的な根拠は存在しない。太陽活動の活発化や、地球自体が温暖化へ向けたサイクルに入りつつあるといった、それ以外の可能性も無視できないからだ。

　今断言できるのは、人類による地球環境の破壊活動は歴然と存在し、水や大気の汚染や動植物の病気は確実に進行していることだけである。世界的に、「環境破壊＝地球温暖化」と捉える傾向があるが、そのことに筆者は複雑な思いを抱いている。「地球温暖化」や「海水面上昇」はあくまでも「環境破壊」という大きなテーマの一部分にすぎないし、「二酸化炭素増加」以上に、酸素濃度の低下を含めた「大気汚染」の方が問題だからだ。

　排出権ビジネスの活発化は「環境破壊」や「大気汚染」への歯止めに寄与し、そのような動向は確かに希望をもたらすものではある。ただ、それは対症療法であり、こうしたことだけでは抜本的な解決には至らない。

今、我々が求められているのは原点に立ち返ることであり、その原点とは、人間を含めたあらゆる生命を支えてくれているのが自然環境であることを自覚し、その自然と共存・共生していくという心のあり方である。人間が発する想念が物理的な結果をもたらすことは、本書で示した通りである。我々一人ひとりが地上のすべての生命に対して、深い愛情を注げば、結果は自ずとついてくる。人類が抱えているあらゆる問題に対する答えは自然界にある。人類が愛を持って自然に接すれば、必要なことはすべて自然が教えてくれる。この世は最初からそのようにシンプルにデザインされているのだ。

おそらく、誰もがこの事実を心の奥底では理解している。今、我々はそれを表に出す時期にきているのである。

参考文献

Peter Tompkins and Christopher Bird. "The Secret Life of Plants"（邦題『植物の神秘生活』）, 1973.
Peter Tompkins and Christopher Bird. "Secrets of Soil"（邦題『土壌の神秘』）, 1989.
Ralph W. Moss, PhD. "Gaston Naessens and The Somatid Cycle", Nexus vol. 7, 2000.
クリストファー・バード著『完全なる治癒』（徳間書店）
宗像久男・福村一郎著『古代生命体ソマチットの謎』（冬青社）
マイロン・シャラフ著『ウィルヘルム・ライヒ』（新水社）
Robert O. Becker, M.D. "Cross Current"（邦題『クロス・カレント―電磁波・複合被曝の恐怖』）, 1990.
David John Oates. "Reverse Speech"（ProMotion Publishing）,1996.
横田貴史著『医療革命』（アジア印刷）
丸山圭三郎著『言葉と無意識』（講談社現代新書）
多湖敬彦著『フリーエネルギー［研究序説］』（徳間書店）
政木和三著『私は奇跡を見た』（たま出版）

ケイ・ミズモリ
「自然との同調」を手がかりに神秘現象の解明に取り組み、科学的洞察力を養う解説を行うナチュラリスト、サイエンスライター、リバース・スピーチ分析家。現在は、千葉県房総半島の里山で農作業を通じて自然と触れ合う中、研究・執筆・講演活動等を行っている。
著書に『底なしの闇の［癌ビジネス］』（ヒカルランド）、『超不都合な科学的真実』、『宇宙エネルギーがここに隠されていた』（いずれも徳間書店）、『リバース・スピーチ』（学研パブリッシング）、『聖蛙の使者KEROMIとの対話』（明窓出版）、訳書に『新しい宇宙時代の幕開け』（ヒカルランド）、『超巨大［宇宙文明］の真相』、『超シャンバラ』、『コズミック・ヴォエージ』（いずれも徳間書店）などがある。
ホームページ：http://www.keimizumori.com/

本書は、2007年11月に刊行された『超不都合な科学的真実』（徳間書店）の内容に加筆・修正を行うとともに、新たに一章（序章）を加えて生まれ変わった新装完全版です。

新装完全版 超不都合な科学的真実
【闇権力】は世紀の大発見をこうして握り潰す

第一刷 2017年2月28日

著者 ケイ・ミズモリ

発行人 石井健資
発行所 株式会社ヒカルランド
〒162-0821 東京都新宿区津久戸町3-11 TH1ビル6F
電話 03-6265-0852 ファックス 03-6265-0853
http://www.hikaruland.co.jp info@hikaruland.co.jp
振替 00180-8-496587

本文・カバー・製本 中央精版印刷株式会社
DTP 株式会社キャップス
編集担当 溝口立太

ISBN978-4-86471-467-9

セット内容：本体・電極パーツ・電源コード
寸法：本体 幅185㎜×奥行き185㎜×高さ304㎜
電極パーツ：３ｍ　電源コード 1.8m
重量：本体 1.85kg　電極パーツ 295ｇ
電源：AC100〜240Ｖ　50／60Hz　　消費電力：40W

水素風呂リタライフ －Lita Life－ でお家のお風呂が変わります。

１．誰でも簡単に操作ができます。
２．30分で準備が完了します。
３．５分〜10分で水素を吸収します。

日本人にとって入浴は毎日の習慣です。
そして入浴は、疲労回復や心身をリセット・リフレッシュさせます。
体温が上がることで血液循環もよくなります。
血液循環が良くなると栄養物質や酸素の供給、老廃物質の排泄促進につながります。

39〜41℃程度のぬるま湯に浸かって、ゆっくりと体を温めると疲労回復が早まり、血液循環や新陳代謝の活性化の効果と共に傷ついた細胞の修復も期待できます。

そんなお風呂の中で「水素」を発生させることで、さらに皮膚から直接「水素」を体内にとり入れることとなり、お家のお風呂が、天然温泉のように優れた場所になるのではないでしょうか。

◉ 水素風呂 リタライフ －Lita Life－

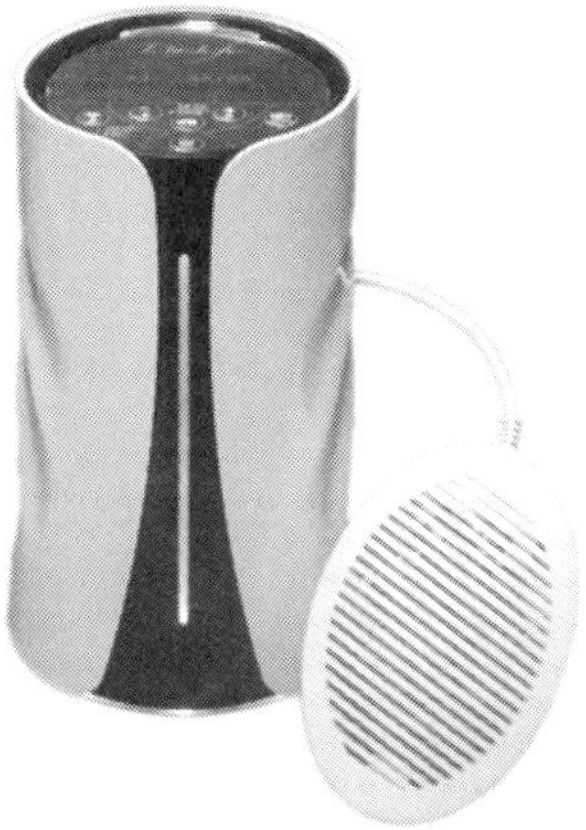

モニター価格として**月々3,500円(税別)**でレンタルいたします。(通常は5,000円税別)
最初の１ヶ月は無料です。

※モニター会員として効果について報告をお願いすることがあります。無料期間も含め４ヶ月以上レンタルしていただける方が対象です。

人間は老化という生理現象から逃れられません。
細胞の劣化が老化の原因ですが、劣化原因に活性酸素があることが周知のこととなってきました。
なかでもヒドロキシルラジカルは糖質やタンパク質、脂質などのあらゆる物質と反応し、最も酸化力の強い、いわゆる悪玉活性酸素に変化してしまいます。

近年「水素」の還元力が細胞の酸化防止に極めて高い効力を有することが明らかになってきました。

水素は、水素水などの飲料水からでも十分に体内に取り込めることが期待できますが、研究が進展することで、水素水を飲む以上に水素風呂で水素を取り込むほうが、効率よく取り込むことが出来るといわれています。

水素風呂には錠剤タイプもありますが、長期的に水素を取り込もうとすれば、コスト面、水素の質、手軽さなどを考慮して電解式の水素発生器が最も便宜性の高いものとなります。

ご家庭でお気軽にご使用頂けるように、低価格でレンタルサービスの出来る水素風呂リタライフをお薦めします。

水素水の生成にかかる費用は、機械のレンタル料のみ！ご家族みんなで使用しても同料金でお楽しみ頂けます。※要別途電気料金

体験者の声

「ブレイン・セラピー」は、治療の現場でも驚異的効果を発揮！

神奈川県 美容鍼・
自律神経調整専門サロン
プレア元町
上田隆勇 院長

ブレイン・セラピーは脳自体をリセットし、甲状腺機能を維持する力や免疫力をアップさせることができます。脳神経障害であるジストニアの患者さんで、歩行障害がある方に、ブレイン・セラピーと鍼治療を行ったところ、日常生活で転倒することが少なくなり、表情にも笑顔と自信が戻ってきました。散歩にも行かなかったのが、なんと旅行にまで行けるようになったのです。私自身も毎日使用し、仕事の効率が上がることを実感しています。

メガネのない生活を手に入れました！

東京都
坂本聡さん

私の仕事はセミナー業で、私が話しながら1番注意を払うことは、新しく参加されている方の目を見ることなんですね。しかし、私の視力は急激に低下していました。そんな時、ブレイン・パワー・トレーナーと出会い、最初は半信半疑だったのですが、30分1回のトレーニングで右0.2から0.7、左0.3から0.8と一気に上がったんです！車のライトや信号機、お店などのネオンがすごく明るくまぶしくなって感動しました。その後、たった5回のトレーニングで両目とも1.5まで上がり、今ではメガネのない生活を手に入れました。この器械はもう手放せません。

5年来の事故の後遺症だった頭の重苦しさが軽減！

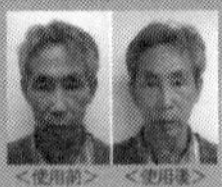

兵庫県
KMさん 30代

←お父様のお写真。この写真を見て、ご本人が「10歳若返った！」と叫んでおられたそう。

父は５年ほど前に事故にあい、後遺症がなかなかとれませんでした。家族でブレイン・セラピーを体験すると、たった30分で父は見るからに顔色がよくなり表情も目も輝きはじめました。朝から重かった頭も軽くなったと、少しおどけて見せて、私はそんな姿を初めて見たのでビックリです。母の難聴や私のアトピーにも変化が見られ、家族みんなでブレイン・セラピーの効果を感じることができました。

専門家も推薦！！

医学博士やクリニックの院長など、医療の専門家もブレイン・パワー・トレーナーを推薦しています。

経路が脳にあるとする考え方からすれば、脳活性装置で脳が外からの刺激をもっとも受け入れやすいリラクゼーション状態の周波数で「太陽」又は「聴宮」を刺激誘導すれば、全身がリラクゼーションの状態になります。
ブレイン・パワー・トレーナーは、おだやかな低周波電気信号を繰り返す装置です。大変微弱な刺激であり、極めて安全性の高い健康器具であると考えます。本器具のご使用による副作用等の心配は全く考えられません。

国立筑波技術大学 名誉教授 医学博士
森山 朝正

干渉波電気刺激による体性感覚への刺激は、顔面の筋肉の収縮・弛緩を深層部から効率よく繰り返す事により、表情筋を支配している顔面神経を刺激し、副交感神経を優位に立たせストレスから解放させます。
またこの電気刺激は、目の周りの眼輪筋・内部の外眼筋・水晶体の厚みを調節する毛様体筋をも収縮・弛緩させる、動眼神経・滑車神経・視神経への刺激により、視力の調節機能の回復を、さらに眼球内部の血流量（毛細血管）の増加の臨床実験もあることで、視力向上の可能性への期待が持てます。

医学博士・薬学博士　田口 茂

脳の血流量が増えれば、脳の働きが活発になることがわかっています。
学者の中には、脳の血流量を増やすことこそ、物忘れやうつの症状の予防・改善につながると断言する人もいるほどです。２千人以上に「ブレイン・パワー・トレーナー」を使ってもらい、目の血流量を測定した所、すべての人の血流量が増えました。

葉山眼科クリニック 院長
葉山 隆一

ブレイン・パワー・トレーナーのことが良く分かる小冊子「病は脳から」が出来上がりました。マンガやイラストを使ったわかりやすい内容となっています。

◉ 視力を良くしたい方
◉ メンタルを癒したい方
◉ 神経を癒したい方

購入ご希望の方は、
ヒカルランドパークまでご連絡ください。

本体 500円＋税

③ 臨床試験によって「血管拡張」「血行改善」が明らかに

多くの研究機関で効果を実証。国立大阪大学付属病院の関連施設で、褥瘡（じょくそう）改善効果が確認されています。また、国立帯広畜産大学では、動物による血管拡張試験でも、血管、血流改善が報告されています。

④ 安心の日本製！　約20年の実績

北海道の厳選したブラックシリカを使用した「蓄熱マテリアル」と合成樹脂を混ぜ、薄く伸ばした生地を裁断、縫製します。鉱石の採取は社長自ら行い、改良を重ねた工程で作業はすべて日本国内で行っています。

⑤ 米国 FDA 医療機器認可登録

米国食品医薬局（FDA）の厳しい審査をパスして認可登録された信頼の商品です。その効果は海外でも注目され、サウジアラビアでは、国立病院でスーパーメディカルマットの導入を検討しているほどです。まさに世界が注目しているマットです。

出先でも使用できる携帯用サイズもあります♪

※写真は椅子にマットを敷いたものです。

デスクワークや車の運転など、長時間の同姿勢で血行の滞りが気になるシーンにお使いいただけます。持ち運びやすい携帯用マットで、体の内側からポカポカに！

スーパーメディカルマット携帯用
販売価格　97,200円（税込）

★サイズ：45㎝×98.5㎝×厚み0.3㎝
材質：ダブルラッセル、蓄熱マテリアル
色：赤
生産国：日本

本といっしょに楽しむ ハピハピ♥ Goods&Life ヒカルランド

◉ スーパーメディカルマット

（米国 FDA 医療機器認可登録）

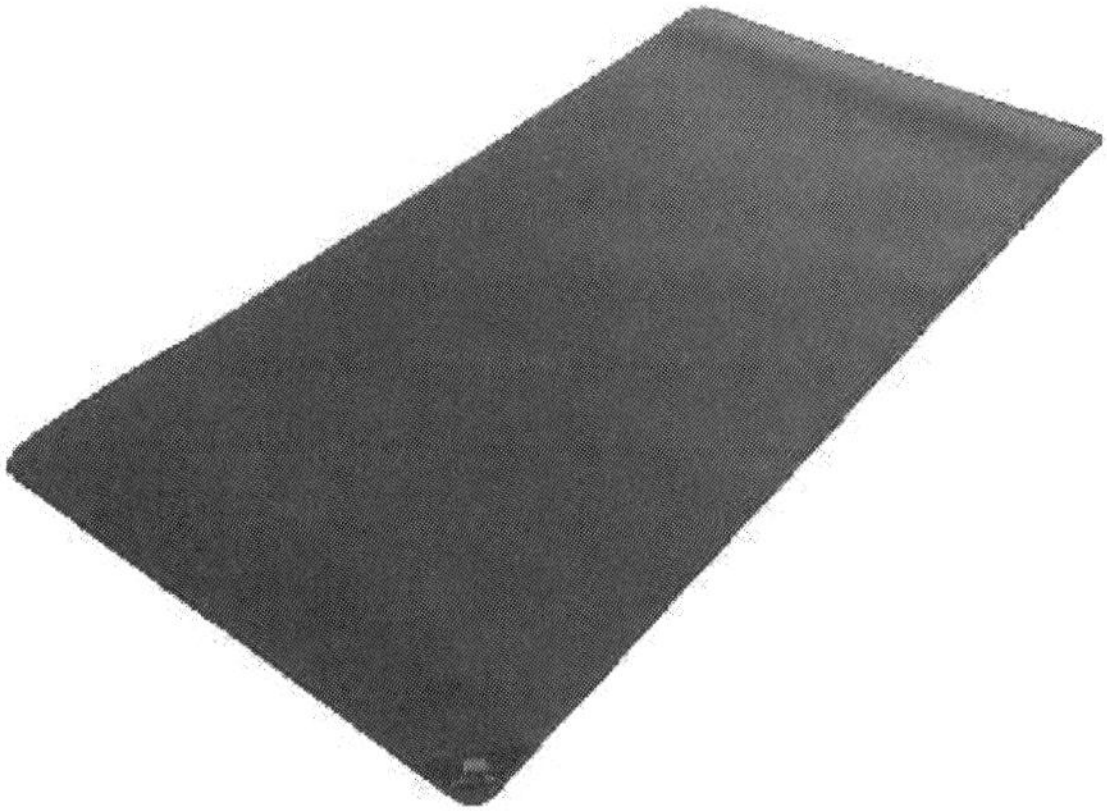

スーパーメディカルマット
販売価格　388,800円（税込）

★サイズ：90cm×180cm×厚み0.6cm
　材質：ダブルラッセル、蓄熱マテリアル
　色：赤
　生産国：日本

世界に認められた、保温によって健康を促進するマットです！

高い温熱・保温性で、医療予防や寝たきりの予防にももちろん、健康促進にも。年齢、性別問わず家族全員でご使用が可能です。

① 電気を使わず、温熱効果でぽっかぽか
電気を使用する用具は単にカラダを暖めるだけで、必要な水分を奪ってしまう危険性も。スーパーメディカルマットは、電気不使用、赤外線の効果でカラダの内側から熱を生み出し、カラダを温めます。

② 赤外線の「育成光線」で細胞を活性化
スーパーメディカルマットは10～12ミクロンの波長光線を出します。４～14ミクロンの波長は「育成光線」と呼ばれて、生体の育成に欠かせないエネルギーが集中している重要なものといわれ、細胞を活性化させる特性があります。

◉ 太古の水

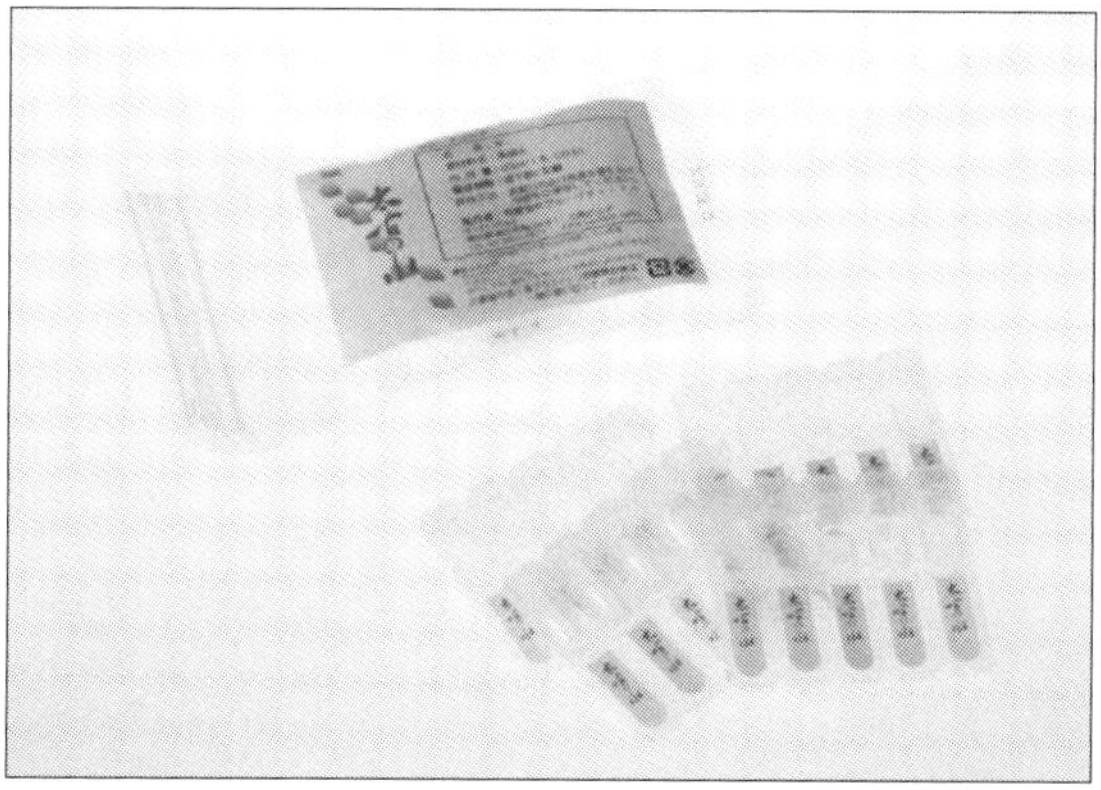

太古の水（0.5cc×20個）×２パックセット
　販売価格　4,860円（税込）
太古の水（１cc×20個）×２パックセット
　販売価格　9,720円（税込）

『あの世飛行士』木内鶴彦・保江邦夫著（ヒカルランド刊）でお馴染みの彗星研究家・木内鶴彦氏が考案した、地球に生命が誕生したころの活力に満ちた水を目指して作られた水です。木内さんは活力にあふれた水をそのままの状態に保つ方法を研究しました。カギを握るのは圧力と太陽光。どちらも自然の贈り物です。太古の水の0.5ccサイズは、500mℓのミネラルウォーターに１本、１ccサイズは１ℓに１本入れてご使用ください。（これで1000倍希釈になります）
従来の１ccサイズも取り扱いを始めました。冷やしても温めてもおいしくお飲みいただけます。ごはんやおかゆを炊いたり、味噌汁や野菜スープを作る時に使用すると、素材の味を良く引き出します。健康づくりのために飲む場合は、１日500mℓを目安に、ご自分の体と相談しながらお飲みください。なお、水分を制限されている方は、その範囲内でお飲みください。

【お問い合わせ先】ヒカルランドパーク

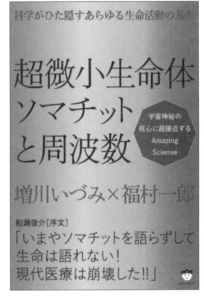

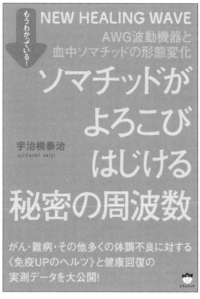